创 意 服 装 设 计 系 列

李 正 丛书主编

创意
服装

服装设计基础与创意

第二版

王小萌 李潇鹏 莫洁诗 编著

化学工业出版社

·北京·

内容简介

本书立足于服装设计基础与创意思路和实际需求，将系统理论与实践相结合，分别从服装设计相关概念、服装设计与人体美学、服装设计基础理论、服装设计风格与款式廓形、服装色彩基础理论、服装设计中的面料与工艺、服装流行趋势与创意系列设计以及服装设计师个案赏析等方面解析服装设计基础与创意的重要性。

本书注重系统理论知识的教授和创新思维能力的培养，具有较强的针对性与可操作性，内容新颖丰富，结构严谨清晰。本书适合作为高等教育类、高职高专类服装设计专业及艺术设计相关专业的教材使用，也可以为从事服装设计、策划的行业从业者及服装爱好者提供帮助。

图书在版编目（CIP）数据

服装设计基础与创意 / 王小萌，李潇鹏，莫洁诗编著 . -- 2 版 . -- 北京：化学工业出版社，2024. 9. （创意服装设计系列 / 李正主编）. -- ISBN 978-7-122-45957-2

Ⅰ．TS941.2

中国国家版本馆 CIP 数据核字第 2024LF2834 号

责任编辑：徐　娟　　　　　　　　　　　　　装帧设计：中图智业
责任校对：刘　一　　　　　　　　　　　　　封面设计：刘丽华

出版发行：化学工业出版社（北京市东城区青年湖南街 13 号　邮政编码 100011）
印　　装：北京瑞禾彩色印刷有限公司
787mm×1092mm　1/16　印张 10½　字数 250 千字　2024 年 8 月北京第 2 版第 1 次印刷

购书咨询：010-64518888　　售后服务：010-64518899
网　　址：http://www.cip.com.cn
凡购买本书，如有缺损质量问题，本社销售中心负责调换。

定　　价：68.00 元　　　　　　　　　　　　　　　版权所有　违者必究

服装的意义

"衣、食、住、行"是人类赖以生存的基础，仅从这个方面来讲，我们就可以看出服装的作用和服装的意义不仅表现在精神方面，其在物质方面的表现更是一种客观存在。

服装是基于人类生活的需要应运而生的产物。服装现象因受自然环境及社会环境要素的影响，其所具有的功能及需要的情况也各有不同。一般来说，服装是指穿着在人体身上的衣物及服饰品，从专业的角度来讲，服装真正的涵义是指衣物及服饰品与穿用者本身之间所共同融汇综合而成的一种仪态或外观效果。所以服装的美与穿着者本身的体型、肤色、年龄、气质、个性、职业及服饰品的特性等是有着密切联系的。

服装是人类文化的表现，服装是一种文化。世界上不同的民族，由于其地理环境、风俗习惯、政治制度、审美观念、宗教信仰、历史原因等的不同，各有风格和特点，表现出多元的文化现象。服装文化也是人类文化宝库中一项重要组成内容。

随着时代的发展和市场的激烈竞争，以及服装流行趋势的迅速变化，国内外服装设计人员为了适应形势，在极力研究和追求时装化的同时，还选用新材料，倡导流行色，设计新款式，采用新工艺等，使服装不断推陈出新，更加新颖别致，以满足人们美化生活之需要。这说明无论是服装生产者还是服装消费者，都在践行服装既是生活实用品，又是生活美的装饰品。

服装还是人们文化生活中的艺术品。随着人们物质生活水平的不断提高，人们的文化生活也日益活跃。在文化活动领域内是不能缺少服装的，通过服装创造出的各种艺术形象可以增强文化活动的光彩。比如在戏剧、话剧、音乐、舞蹈、杂技、曲艺等文艺演出活动中，演员们都应该穿着特别设计的服装来表演，这样能够加强艺术表演者的形象美，以增强艺术表演的感染力，提高观众的欣赏乐趣。如果文化活动没有优美的服装作陪衬，就会减弱艺术形象的魅力而使人感到无味。

服装生产不仅要有一定的物质条件，还要有一定的精神条件。例如服装的造型设计、结构制图和工艺制作方法，以及国内外服装流行趋势和市场动态变化，包括人们的消费心理等，这些都需要认真研究。因此，我们要真正地理解服装的价值：服装既是物质文明与精神文明的结晶，也是一个国家或地区物质文明和精神文明发展的反映和象征。

　　本人对于服装、服装设计以及服装学科教学一直都有诸多的思考，为了更好地提升服装学科的教学品质，我们苏州大学艺术学院一直与各兄弟院校和服装专业机构有着学术上的沟通，在此感谢化学工业出版社的鼎力支持，同时也要感谢苏州大学艺术学院领导的大力支持。本系列书的目录与核心观点内容主要由本人撰写或修正。

　　本系列书共有 7 本，作者 25 位，他们大多是我国高校服装设计专业的教师，有着丰富的高校教学和出版经验，他们分别是杨妍、余巧玲、王小萌、李潇鹏、吴艳、王胜伟、刘婷婷、岳满、涂雨潇、胡晓、李璐如、叶青、李慧慧、卫来、莫洁诗、翟嘉艺、卞泽天、蒋晓敏、周珣、孙路苹、夏如玥、曲艺彬、陈佳欣、宋柳叶、王伊千。

李正

2024 年 3 月

前　言

"十四五"时期是我国全面建成小康社会、实现第一个百年奋斗目标之后，开启全面建设社会主义现代化国家新征程、向第二个百年奋斗目标进军的第一个五年，也是我国服装行业开启时尚强国建设新征程的崭新的五年。在全新的发展时期，我国服装行业既面临新的发展机遇，也面对诸多挑战。我国服装院校的专业教师要努力厘清本专业在新时代的方位与定位，明晰未来发展所肩负的任务与使命，凝聚起业内外发展力量，将服装设计教育事业推向新高度。

本书以培养服装设计专业应用型人才为首要目标，力求理论联系实际，旨在传递服装设计基础专业知识，启迪读者独立思考的创新能力。作为服装设计专业的教育工作者，我们应带领学生深入学习专业知识，培养学生设计创新思维，提升实践能力，通过系统化训练使其具备发现问题、解决问题的综合素养。在内容方面，为突出实用性与直观性，书中精选了大量的设计案例，使读者能够更加直观、系统、全面地了解与学习。此外，书中还增加了"知识拓展"，使读者在学习服装设计专业知识的基础上了解更多相关历史资料。希望本书能对相关院校服装设计专业教学课程的完善，对服装设计专业的学生以及服装爱好者有所帮助。

在编著与出版过程中，苏州大学艺术学院、苏州城市学院、化学工业出版社的领导给予了大力支持与帮助，在此表示敬意与感谢。还要特别感谢为本书撰写提出最初的设想与修改意见的李正教授，以及负责本系列书组织与作者召集工作的杨妍老师。

本书由王小萌、李潇鹏、莫洁诗编著。在撰写过程中编著者参阅与引用了部分国内外相关资料及图片，对于参考文献的作者和部分图片的原创者在此一并表示感谢。还要感谢为本书提供优秀案例资料的每一位同学。本书是编著者多年服装设计专业教学经验的总结，书中涵盖了理论基础知识、优秀案例分析等内容，旨在为服装设计专业学生及从业者提供基础参考。但由于时间仓促及水平有限，内容方面一定存在不足之处，在此恳请大家提出宝贵意见，以便修改。

编著者

2024 年 1 月于独墅湖畔

第一版前言

伴随着全球服装经济的繁荣与发展，我国作为世界上最大的服装生产国和出口国，已愈来愈备受世人瞩目，在国际上享誉盛名，有着举足轻重的国际地位。自20世纪80年代起，我国高等服装设计教育发展至今已有30余年，现在已经成为艺术设计学科的重要组成部分。通过近年来全国各服装院校师生的共同努力，我国服装设计专业教育发展得越来越规范，已逐步趋于成熟，虽然与国际上一些发达国家的设计院校相比，还有不足，但教学水平与教学成果正逐步与世界发达国家接轨。

本书以培养服装设计专业应用型人才为首要目标，力求理论联系实际，旨在传递服装设计基础专业知识，从而启迪读者独立思考的创新能力。从服装设计专业教学角度出发，坚持艺工相结合，全面而详实地阐述服装设计基本理论知识与学习方法，培养读者进行独立思考、自主原创的创意设计能力。在内容方面，为突出实用性与直观性，书中精选了大量的设计案例，使读者能够更加直观、系统、全面地了解与学习。此外，书中还增加了"知识拓展"，使读者在学习服装设计专业知识的基础上了解更多相关资讯。希望本书能对相关院校服装设计教学课程的完善以及服装设计专业的学生和服装爱好者有所帮助。

在本书的编写与出版过程中，苏州大学艺术学院、苏州大学文正学院、化学工业出版社的各位领导始终给予了大力的支持与帮助，在此表示崇高的敬意和衷心的感谢。另外还要特别感谢苏州市职业大学张鸣艳老师、湖州师范学院徐催春老师、苏州大学王巧和唐甜甜老师、合肥师范学院宋柳叶老师以及苏州大学研究生杨妍、陈丁丁、陈颖、徐倩蓝、韩可欣等同学给予的无私支持和帮助。本书在编著过程中参阅和引用了部分国内外相关资料和图片，对于参考文献的作者在此表示最诚挚的谢意。

本书是编著者多年来教学实践的总结，但由于时间仓促加之水平有限，本书的内容还存在不足之处，恳请读者给予批评指正，这样也便于我们再版时加以修正。

王小萌

2018年6月

目 录

第六章　服装设计中的面料与工艺 / 084

第七章　服装流行趋势与创意系列设计 / 093

第八章　服装设计师个案赏析 / 136

第一章
绪 论

服装设计作为现代艺术设计中的重要组成部分，其文化形式与艺术形态直接或间接反映了当下社会潮流的发展趋向。服装作为人们生活中不可或缺的一部分，承载着精神性与物质性、审美性与功能性的多重属性，是时代发展与人类进步的产物，不仅有助于人们营造良好的生存方式，更能提高人们的生活品位与生活质量。

第一节 服装设计的内涵与构成

作为一门涉及领域极广的学科，服装设计与文学、艺术、历史、哲学、宗教、美学、心理学、生理学以及人体工学等社会科学和自然科学都密切相关。这门极具综合性的学科不仅涵盖了一般实用艺术的共性，而且在内容与形式及表达手法上又具有自身的特殊属性。

一、服装设计及相关概念界定

（一）服装设计

服装设计的内涵主要包括两方面，一是解决人们在穿着过程中所遇到的功能性问题，二是将富有美观性与创意性的设计理念传递给大众。

根据设计的内容与性质不同，服装设计可以分为服装造型设计、服装结构设计、服装工艺设计、服饰配件设计等。从服装设计的角度来看，服装设计是设计师根据设计对象的要求而进行的一种构思，是通过绘制服装效果图、平面款式图与结构图进行的一种实物制作，最终达到完成服装整体设计的全过程。首先是将设计构思以绘画的方式清晰、准确地表现出来，其次选择相应的主题素材，遵循一定的设计理念，最后通过科学的剪裁手法和缝制工艺，使其由概念转化为实物。

一般来讲，根据消费对象服装设计可分为两大类别，即成衣设计与高级时装设计。成衣设计的消费对象往往是某一阶层的部分人群，如细分至不同地区、职业、性别、年龄、审美需求等方面，再细致划分出不同的消费层次。相较于成衣设计，高级时装设计更具有局限性。两者的主要区别在于成衣设计的对象是某一阶层的人群，而高级时装设计的对象往往是一个具体的人。

（二）衣服

衣服即包裹人体躯干部分的衣物，包括胴体、手腕、脚腿等的遮盖物，一般不包括冠帽及鞋履等物。

（三）衣裳

"衣"一般指上衣，"裳"一般指下衣，即"上衣下裳"。有关衣裳的定义，可以从两个方面理解：一是指上体和下体衣装的总和；二是按照一般地方惯例所制作的衣服，如民族衣裳、古代新娘衣裳、舞台衣裳等。

（四）成衣

成衣是指近代出现的按标准号型批量生产的成品服装。是相对于在裁缝店里定做的服装和自己家里制作的服装而出现的概念，在服装商店等场所内购买的服装一般都是成衣。

（五）时装

时装是指在一定时间、空间内，为相当一部分人所接受的新颖、入时的流行服装，对款式、造型、色彩、纹样、缀饰等方面追求不断变化创新，也可以理解为时尚且具有时代感的服装。它是相当于古代服装和已定型于生活当中的衣服形式而言的。时装至少包含以下三个不同的概念，即样式（mode）、时尚（fashion）、风格（style）。

二、服装设计的特征与构成要素

（一）服装设计的特征

伴随着现代服装行业的飞速发展，服装设计的内容与形式已成为服装生产环节中的灵魂。从服装设计的广义角度来讲，服装设计是服装生产的首要环节，同时也是贯穿于服装生产过程中最重要的核心环节。作为一种针对不同人群而进行的衣装设计，特定人群对象的外在生理特征与内在心理特征直接或间接制约着服装设计特征。

在服装设计中，各种造型要素之间有着相互制约、相互衔接的内在联系。例如，不同的服装风格是由不同的面料与色彩体现的，不同的服装廓形是由不同的剪裁方法体现的，而不同的剪裁方法通过不同的缝纫技术也会呈现出不同的视觉效果。这些环节相互呼应，紧密结合，缺一不可。因此，服装设计不仅仅是对以上各种要素进行全面的设计，更重要的是对人的整个着装状态进行全方位的视觉把控设计。在设计过程中，要时刻考虑服装与环境之间，造型与色彩之间的相依共融的协调、统一关系。

（二）服装设计的构成要素

服装设计主要由三大要素构成，即款式、色彩、面料。

首先，款式是服装造型的基础，是三大构成要素中最为重要的一部分。其作用主要体现在主体构架方面。

其次，色彩是服装设计整体视觉效果中最为突出的重要因素。色彩不仅能够渲染、创造服装的整体氛围与审美感受，而且能为穿着者带来不同的服装风格与体验。

最后，面料是体现款式结构的重要方式。不同的服装风格、款式需要运用不同的面料进行设计，从而达到服装整体美的和谐性与统一性。

在不同风格的服装设计中，对于三大要素的把握程度与强化的角度也是有所区别的。因此，在服装设计的过程中需注意，三大要素是既相互制约又相互依存的关系。服装设计师应在把握国际流行趋势的基础上，进行市场深度调研，全面并详细了解消费者的审美心理与物质需求，以及对款式、色彩、面料的实际要求，并从消费者的众多要求中分析、归纳出统一的、带有共性的设计要素，以此作为设计的重要依据。除此之外，设计师还应考虑到实施工艺流程的规范性与可操作性，以求在批量生产中降低成本，节约资源，提高效益。

第二节　中国和西方近现代服装发展历程

现今，时尚早已成为人们日常生活的重要组成部分之一，许多新兴事物的出现不断冲击与更新着人们的观念，同时也影响着人们的生活方式。服装作为历史形象的代言人，以自身独有的方式诠释着百年来所发生的时尚变革，体现了中国和西方近现代服装款式的不同时代特点。

一、中国近现代服装发展历程

中国近现代服装款式的发展变化与时代变迁有着非常紧密的联系。这一时期出现的服装款式可以视为社会变化的标志，也是中西方文明融会贯通下的产物，具有显著的时代风貌。

（一）晚清时期

近代以来，中国社会长期处于动荡不安与风雨飘摇之中，一系列重大的政治变革影响着中国服饰的演变，也不断重塑着中国民众的着装形象。由于社会政治环境的影响，晚清成为历史上中国服装形制改变的重要时期。在第二次鸦片战争之前，国人的服装一直延续着清朝时期繁缛、复杂的服装制度。直到19世纪60年代后期，一些有识之士逐渐意识到原有服装制度的落后，他们认为当时国人的着装习惯及传统旧俗已成为妨碍中国进步的障碍之一。晚清时期人们的着装形式是保守且不便的，如男人留长发、梳辫子等，这些都是不便于劳作的着装习惯。在戊戌变法期间，康有为就曾专门上书提出有关服制的变革。直到1900年后，民间关于服制改革的措施越来越多，随后清政府正式提出改革服装制度。

（二）民国时期

辛亥革命以后，中华民国政府分别于1912年与1929年颁布了相关服制条例，主要明确"人人平等"的民主标准，打破了晚清时期等级森严的服制规定。无论是总统或平民百姓，自上而下服装形制统一，只对性别及不同场合进行着装要求。两次服制条例的颁布明确了西式服装在中国的合法性，奠定了中西服装形制并存的发展基石。"剪辫易服"成为当时重要的成果之一，使国人在着装上发生了重要的变化，这一象征自由的新风尚具有重大的政治意义与社会意义。由于政治上取消了封建等级制度的限制，长袍、马褂、中山装及西装逐渐成为当时男性的主要装束，而不同地区文化和职业的差异性也在一定程度上影响着男性着装。追随孙中山革命理想的人士穿上象征进步的中山装，这一款式被烙上了强烈的政治印记。如上衣的四个口袋分别代表了中国传统文化观念，即礼、义、廉、耻；衣襟上的五粒纽扣象征着五权分立的新型政治体制观念；袖口的三粒纽扣则隐喻着孙中山先生毕生所倡导的"三民主义"的政治理想。

民国时期的女性不仅在思想上受到了西方影响，而且在着装上也引领潮流，服装样式层出不穷。民国初年，女式袄裙在国内渐渐风靡起来，成为当时女性着装的主要款式之一。如上穿窄而修长的高领衫袄，下穿黑色长裙，不施绣纹，朴素淡雅，被称为"文明新装"，颇受大众女性的喜爱。1929年，中华民国政府将旗袍定为国家礼服之一。虽然其定义和产生的时间至今仍存有诸多争议，但旗袍依然是中国悠久服饰文化中最绚烂的形式之一。尔后，在外来文化的影响下，旗袍逐渐缩短长度，收紧腰身，至此形成了富有中国特色的改良旗袍。衣领紧扣，曲线鲜明，加以斜襟的韵律，衬托出端庄、典雅、沉静、含蓄的东方女性芳姿。自古以来，中国女性服装大多采用直线形的平直状态，没有明显的曲线变化。旗袍的出现则使中国女性领略到了"曲线美"的风采，体现出女性优雅迷人的秀美身姿。民国时期也十分流行西式洋装，如西式连衣裙、西式大衣、西式礼服等，翻领、露肩、高跟鞋、丝袜、烫发成为当时女性的潮流风向标，这类服饰主要受到民国时期电影明星及名媛淑女们的青睐。

（三）1949～1999年

1949年10月1日，中华人民共和国的成立标志着中国进入了一个崭新的历史时期。在这一时期，服装形制及风格受到了来自不同阶段的政治氛围与社会环境的影响。在中华人民共和国成立之初，各行各业继续沿用中山装，进而派生出学生装、青年装、军便装等。由于绸缎面料带有些许官僚封建的刻板印象，因此，花布棉袄成为中华人民共和国成立之初女性穿着最为普遍的冬装。由于当时的工人、农民、解放军是社会的中坚力量，因此，蓝色工装、灰色制服、绿色军装成为标准服装。男女老少之间的性别与年龄界限逐渐模糊，全民服装款式、色彩、面料等都十分单调、贫乏。人们高度追求革命化、政治化的着装，如身穿绿色军便装，头戴绿色军帽，肩挎绿色书包等。此外，列宁装、布拉吉（连衣裙）在中国受到大众的欢迎，并在中国活跃了将近20年。改革开放后，伴随着经济快速发展与多元文化的冲击，人们开始追求个性、时尚化的服装。喇叭裤、花衬衣等款式的出现引起了社会的争议，大众的时尚意识也逐渐苏醒并迅速与国际接轨。与此同时，在西方流行了半个多世纪的职业女性套装也开始受到中国女性的青睐，并成为当时女性的主要装束之一。此外，连衣裙作为年轻女性常备的时髦服饰之一，具有穿着方便、凉爽舒适的特征。如1984年热播的电影《街上流行红裙子》中的影像说明了当时人们对于时尚的热情。此时所流行的连衣裙造型较为简洁、色彩明快，主要款式有直身裙、衬衫裙、背心裙等。

到了 20 世纪 90 年代，中国服装市场开始热衷于追随国际化潮流，文化衫、休闲装、露脐装等服装款式逐渐走进大众生活。当时的西方女装恰逢流行宽肩款式，为了迎合这一潮流，许多大衣、西式套装、毛衣甚至夏季女式衬衫、连衣裙中都添加了海绵垫肩来展现这一时髦元素。当时还有一种裤口加有蹬条的黑色弹力针织裤在全国城乡热卖，这种俗称"踏脚裤"或"健美裤"的裤装款式不受年龄限制，深受广大女性的喜爱。

（四）2000年至今

自千禧年起，中国服装款式逐渐趋向多元化、个性化。服饰不再只是一种装饰，而是成为人们展现自我、彰显个性的工具。此时，中国服装行业也迎来了百花齐放、五彩缤纷的绚烂时代。一批服装企业抢占先机，许多优秀的服装设计师品牌与设计师应运而生，各地时装周如雨后春笋般诞生。21 世纪伊始，亚太经济合作组织（APEC）峰会上各国领导人身着以中国传统文化为设计元素的唐装，在全球掀起了以唐装、盘扣、斜门襟为流行元素的时尚潮流（图 1-1）。当中国风尚与国际接轨的同时，中国服装界开启了寻找与恢复本民族服饰文化风格的意识转变之路。随后，"中国设计"风潮在国内外市场日渐崛起，越来越多的中国服装设计师作品出现在四大国际时装周上。国人们不再盲目追逐西方品牌的脚步，开始向世界展示"中国风尚"。中国服装产业也迅速成长，逐渐由生产制造转型为具有品牌文化价值的新兴产业。以原创设计与品牌文化为核心竞争力的国潮品牌、独立设计师品牌等逐渐获得行业重视。如 2022 年北京冬季奥运会期间，工作人员穿着的制服装备一经亮相便获得好评。

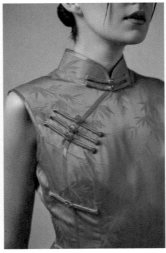

图 1-1　具有"中国风"元素的女性服饰

伴随着中国的综合国力与国际地位的日益提高，未来将会有更多热爱中国传统文化的新生代服装设计师投身于传承中华文化，以深厚的中华文化底蕴为支撑，展现华夏文明的精深与魅力，向世界展现中国服饰之美。

二、西方近现代服装发展历程

西方近现代服装最早出现于19世纪中后期。第一次工业革命后，西方国家的经济得到了快速发展，人们的着装观念也产生了一定变化。在经历了漫长且保守的岁月后，人们对于服装的审美日渐开放，女性服饰也有了突破性的发展变革，如超短裙、比基尼泳衣、吸烟装等款式的出现标志着女性服饰进入了多元化时期。相比之下，男性服饰发展相对稳定，其总体造型皆保持着男性庄重、挺拔的特征，如晚礼服、西服套装、风衣等。此外，随着休闲娱乐及各类运动的兴起，牛仔装、户外运动服等也逐渐成为人们日常穿着的款式之一。

（一）19世纪末～20世纪20年代

1900～1910年是新样式艺术（Art Nouveau）的鼎盛期，这一时期的女装造型形态更为自然流畅，没有过分刻意的矫揉造作与夸张，不仅摒弃了烦琐的细节装饰，而且腰部及臀部的曲线更为合体、优美。与工艺美术时期的女装相比，新样式艺术时期的女装更多地会考虑穿着者的舒适性，服装整体也更加倾向现代主义，既拥有高贵奢华、注重装饰的宫廷风格特征，又不乏强调功能性的现代服装概念。查尔斯·沃斯（Charles Worth）是新样式艺术时期代表性的服装设计大师之一，他的作品形象地诠释了由传统走向现代的新样式服装风格，款式造型优雅而不失奢华，具有典型的新样式艺术特点。自20世纪10年代起，随着新样式艺术逐渐衰退，迪考艺术（Art Deco）也称装饰艺术，开始逐渐在欧美等国家和地区风靡开来。迪考艺术风格服装在表现形式上简单且质朴，追求自然流畅的外部廓形，强调无性别倾向的廓形特征，整体造型感较强，不会刻意彰显局部及细节设计。通常会选用对称式几何图形纹样，具有一丝硬朗的现代风格。随着女性群体政治、经济地位的不断提升，女权意识也开始渐渐萌芽。这一时期的女装款式具有"男孩风貌"的特征，女装设计多为无袖、直身、宽松款式，多采用悬垂式的剪裁方式。此外，好莱坞电影对"男孩风貌"的流行也起着重要作用，如克莱拉·宝（Clara Bow）在1927年的电影《攀上枝头》中所塑造的"短发红唇"形象广受欢迎。珠片镶拼也是20年代主要运用的装饰手法之一，多运用于裙装下摆部分，常以精美的手工钉珠、亮片、繁复的绣花等来体现，如保罗·波烈（Paul Poiret）所设计的具有东方情调的礼服等。

（二）20世纪30～50年代

20世纪30～40年代初的女装风格被称为好莱坞风格。不同于20年代的"男孩风貌"，这一时期的女装线条流畅，造型优雅，彰显了女性优雅妩媚、高贵奢华的形象。其中，裙装是好莱坞风格中最具表现力的款式之一。如宽肩、细腰、裙摆紧窄而贴体等特征都充分展现了女性姣好的身材曲线。

斜裁设计大师玛德琳·维奥尼（Madeleine Vionnet）曾在晚礼服设计中巧妙地运用了面料的弹拉力，并以此进行斜向裁剪。玛德琳·维奥尼是20世纪初当之无愧的服装变革先驱之一。她的设计反对填充、雕塑女性身体轮廓的紧身胸衣方式，强调身体自然曲线，以贴身的斜向剪裁在时尚史留名，享有"斜裁女王""斜裁之母"等美名。

超现实主义风格服装也是这一时期的经典流派，它具有强烈的视觉冲击力，崇尚无意识结构，力求摆脱理性束缚。因此，服装款式造型上以简洁风格为主，装饰细节上呈现超现实主义理念，如领部、袖部、口袋等。作为超现实主义风格服装的奠基人，艾尔莎·夏帕瑞丽（Elsa Schiaparelli）不仅为服装设计开拓了全新领域，而且为后人提供了经典的设计范本，如与超现实主义画家达利合作完成的龙虾裙（图 1-2）等。20 世纪 40 年代风云突变，第二次世界大战（以下简称二战）给整个时装界带来了沉重的打击，尽管人们的心灵备受折磨，但追寻美好生活的心愿犹存。裙套装是这个时期最具代表性的款式。由于受到战争影响，女性着装在一定程度上摒弃了过度奢华的服饰风格，为了节约物资，服装更多地强调实用性与功能性，款式大多趋于简洁实用，同时也融入了一些男装元素。这种低调、内敛、沉稳、简约的特质贯穿了整个 40 年代，也成就了 1947 年克里斯汀·迪奥（Christian Dior）新风貌（New Look）的经典形象（图 1-3）。这次空前的成功，使迪奥一跃成为最有影响力的设计师之一。1950 ～ 1957 年，迪奥连续推出了多款新造型，如郁金香形、A 形、Y 形等，他是服装史上第一位在每季推出不同造型、不断改变裙长的设计师，也由此引领了 50 年代的时尚潮流。这一时期的女装追求柔美流畅的线条，如纤细的蜂腰、夸张的臀胯以及优雅的裙摆造型。著名女星奥黛丽·赫本（Audrey Hepburn）是当时耀眼的时尚明星，服装设计大师于贝尔·德·纪梵希（Hubert de Givenchy）曾为她设计过多套服装造型（图 1-4），这些经典的荧幕形象不仅为电影增添了光彩，更成为许多服装设计师的灵感之源。

图 1-2　萨尔瓦多·达利与龙虾裙

图 1-3　迪奥的新风貌女装

图 1-4　纪梵希与赫本

（三）20世纪60年代

20 世纪 60 年代是西方经济飞速发展、文化思潮风起云涌的黄金时代。50 年代末，体现女性优美曲线的服装已逐渐弱化。到了 60 年代，许多年轻人逐渐表现出强烈的反叛意识，这一点在穿着风格及观念上尤为明显。他们以前卫代替传统，追崇超短裙、紧身裤袜、短发等大胆、叛逆的个人着装风格。英国作为 60 年代的潮流聚集地，出现了轰动一时的超短裙。1963 年，英国服装设计师玛丽·官（Mary Quant）在《VOGUE》杂志上率先推出超短裙造型，运用了PVC（聚氯乙烯）这种新型人工合成面料，并搭配了具有孩童感的彼得潘小圆领，这一设计成功打开了服装设计革命的新局面。60 年代人们的审美已从 50 年代成熟优雅转换为充满活力、天真可爱的风格，如大众时尚偶像崔姬（Twiggy）就是当时年轻人的理想形象。60 年代女装以 A 形、H 形、梯形为主，剪裁简洁，上身较为合体，下摆向外展开。曾担任迪奥设计师的伊夫·圣·罗兰（Yves Saint Laurent）于 1962 年创立了自己的同名品牌，并于 1965 年设计了以大胆色块构成的"蒙德里安"裙、"吸烟"夹克、灯笼裤套装等，这时长期存在的以性别决定着装的传统观念逐渐被打破。1966 年嬉皮士运动在美国旧金山的松树岭地区爆发，之后很快风靡整个欧美。嬉皮士追求无拘无束的生活方式，服装款式多呈现自由、随性的风格，在图案、色彩、面料、装饰手法等方面会结合各地区、各民族风格服饰的特征，从而形成怀旧、浪漫、自由的异域风情，如借鉴印度、阿富汗、土耳其、巴基斯坦等国家和地区的服装款式等。60 年代还出现了波普风格、太空风格、摇滚风格服装的第一波浪潮，如在女装中选用亮丽的色调，造型迥异的几何图案，超短裙、塑胶长靴、头盔等。

（四）20世纪70年代

20 世纪 60 年代晚期至 70 年代中期，主流时尚渐渐失去了方向，年轻人崇尚个性化自我表达，多元化风格服饰逐渐受到大众青睐。"反时装"是70年代风格女装的关键词，女性的着装风格及款式不受传统时装规范的约束，而是更加注重廓形结构，设计也更为简洁、合体，通常以款式结构、色彩图案等搭配变化来呈现。喇叭裤是70年代流行的经典款式之一，尽管早在50年代美国歌星"猫王"埃尔维斯·普雷斯利（Elvis Presley）曾在演出时身穿喇叭裤，但真正流行于大众群体是在70年代。这种造型夸张、低腰短裆的裤身造型形象地体现了年轻人自由、叛逆的精神面貌。此外，运用钩边工艺织成的针织套衫、印花衬衫、瘦腿裤、热裤、坡跟鞋、墨西哥帽、草帽等也颇受欢迎。70年代，我行我素的时尚观念无形助长了非主流服饰的盛行，朋克风格、迪斯科风格、军装风格等服装风格应运而生。70年代的时尚风云人物当数英国"朋克教母"维维安·韦斯特伍德（Vivienne Westwood）。作为朋克风格的先行者，她的前卫设计风格直接推动了70年代朋克服饰的兴起。不对称款式结构、随意的涂鸦、不协调的色彩、凌乱的缝迹线及衣摆、内衣外穿等都是朋克美学的精髓，朋克风格服装所体现出的反传统、颓废、怪诞的夸张风格成为与主流社会相对的另类文化潮流。在70年代后期，美国设计师诺玛·卡玛丽（Norma Kamali）推出了运动衫、啦啦队员裙、裤袜、紧身连衣裤等，促使运动装进入时尚领域。

（五）20世纪80年代

20世纪80年代起，世界经济处于高速发展阶段，人们的物质生活水平得到极大的丰富与满足。女权运动、女性解放在世界各地此起彼伏，造就了一批女强人形象，1980年当选英国首相的玛格丽特·撒切尔夫人，美国女星麦当娜等成为女权代表与女性新偶像。大批具有现代意识的职业女性变成这一时期的主要消费人群，她们身着中性风格的西服套装、头戴墨镜、脚蹬高跟鞋，改变了以往服装"上小下大"的A字造型。通过借鉴男装的工艺结构，腰部略收，在服装肩部增加肩垫，加宽肩部的整体造型，呈现出有棱有角的服装形象。80年代的服装总体风格是巨大的外部廓形，款式细节及服饰配件也都呈现出宽大的特征。1982年，詹尼·范思哲（Gianni Versace）采用了具有现代感的金属网状织物制作连衣裙，同年乔治·阿玛尼（Giorgio Armani）更以经典套装引领了国际时尚风潮。同时，来自日本的服装设计师们陆续在巴黎推出他们的新作品，使世人眼前一亮，展示了全新的、不同于西方的另类设计。如山本耀司、川久保玲所设计的服装作品常以不规则造型出现，在隐藏了身体自然轮廓的同时彰显东方设计美学，也向讲究曲线美感的西方传统审美提出了挑战。同一时期的预科生风格时装也颇受欢迎，如苏格兰短裙、运动夹克、菱形花纹毛衣、针织开衫、百慕大短裤等，总体倾向青春活力、简洁自然的感觉。

（六）20世纪90年代

20世纪90年代是一个百花齐放的年代，此时的服装界迎来了一批欧洲新锐设计师，他们提倡极简与解构，崇尚自然环保，东方美学也成为主流文化。极简主义并不单纯是简单、简化，相反是在简洁的表面下蕴含着更为复杂、精巧的结构。极简主义风格要求服装设计师具有把握整体造型的能力，以更单纯、更简洁的语言体现现代设计。德国服装设计师吉尔·桑达（Jil Sander）是时装界的极简主义代表，被认为是20世纪20年代建筑流派包豪斯（Bauhaus）的现代版演绎，以利落的剪裁方式、流畅的线条、单纯且高级的色调来展现现代女性的自信之美，传承了德国简朴主义的理念。极简主义款式往往伴随着中性成分，以H形为主，西装、大衣、衬衣等为基本款式，搭配少量的局部细节装饰，整体构思较为精巧。90年代，当解构主义风格呈蔓延趋势，世界各地新锐设计师们纷纷采用此手法进行大胆、前卫的试验，同时融入更多的街头文化与中性元素。解构主义重视服装材质和结构，强调面料与结构造型的关系，通过对结构的剖析再造达到塑造形体的目的。1997年，比利时服装设计师马丁·玛吉拉（Martin Margiela）有意保留了制版时在面料上留下的辅助线条，并将线头与缝褶暴露在外，通过做旧的形式体现环保理念。90年代晚期，英国著名服装设计师亚历山大·麦昆（Alexander Mcqueen）名声大噪，其设计的超低腰牛仔裤、带有侵略性的线形剪裁等被大众所熟知，他的作品常以狂野的方式表达情感力量、天然能量、浪漫但又决绝的现代感，具有很高的辨识度，在时尚界大放异彩。

（七）2000年至今

21世纪是由设计师与大众共同主宰的时代，他们的灵感来源于世界各民族、各阶层的日常生活。随着时尚产业的规模及从业者数量的日益增多，各国服装设计师阵营也逐渐壮大，世界服装产业形成了以巴黎、伦敦、纽约、米兰、东京为中心的五大时尚之都。众多设计师品牌的兴起彰显了设计师与消费者的独特审美，如美国品牌汤姆·布朗（THOM BROWNE）专属的炭灰色面料，"缩水"般的短款版型，红、白、蓝三色罗纹布条标识，在怀旧与颠覆之间重新定义了美式美学下的现代"制服"。由路易威登（LOUIS VUITTON）男装创意总监维吉尔·阿布洛（Virgil Abloh）于2012年创立的服装品牌OFF-WHITE以街头个人标识向服装业界发起挑战。他将原有的设计拆散，嵌入新公式重新组合与定义。同时将街头风格与高级时装完美融合，将原本属于亚文化范畴的街头服饰推入主流视野。此外，亚历山大·王（ALEXANDER WANG）、THE ROW、JACQUEMUS、TOTEME等各国设计师品牌的流行也在展现了当下服装产业的多元格局。

✎ 知识拓展

女子袄裙与旗袍

民国初年，由于留日学生较多，国人服装样式受到很大影响，如女性多穿窄而修长的高领衫袄和黑色长裙，不施纹样，不戴簪钗、手镯、耳环、戒指等饰物，以区别于20世纪20年代以前的清代服饰，被称之为"文明新装"。进入 20 年代末，因受到西方文化与生活方式的影响，人们又开始趋于华丽服饰，并出现所谓的"奇装异服"。《海上风俗大观》记："至于衣服，则来自舶来，一箱甫启，经人道知，遂争相购制，未及三日，俨然衣之出矣……衣则短不遮臀，袖大盈尺，腰细如竿，且无领，致头长如鹤。裤亦短不及膝，裤管之大，如下田农夫，胫上御长管丝袜，肤色隐隐……今则衣服之制又为一变，裤管较前更巨，长已没足，衣短及腰。"从保存至今的实物和照片资料来看，一般是上衣窄小，领口很低，袖长不过肘，袖口似喇叭形，衣服下摆成弧形，有时也在边缘部位施绣花边，裙子后期缩短至膝下，取消折裥而任其自然下垂，也有在边缘绣花或加珠饰。

旗袍本意为旗女之袍，实际上未入八旗的普通人家女子也穿这种长而直的袍子，故可理解为满族女子的长袍。清末时这种女袍仍为体宽大，腰平直，衣长至足，加诸多镶滚。20 世纪 20 年代初，袍普及到满汉两族女子，袖口窄小，边缘渐窄，到了 20 年代末由于受外来文化影响，袍长明显缩短长度，收紧腰身，至此形成了富有中国特色的改良旗。衣领紧扣，曲线鲜明，加以斜襟的韵律，从而衬托出端庄、典雅、沉静、含蓄的东方女性的芳姿。不仅如此，改良旗袍还经济便利、美观适体，镶珠施绣可显雍容华贵，一块素粗布也能够出现雅致俏丽的效果。这种上下连属、合为一体的服装款式隶属古制，但自古以来的中国妇女服装基本上采用直线，胸、肩、腰、臀完全呈平直状态，没有明显的曲线变化，直到 20 年代末，中国妇女才领略到"曲线美"而改变其传统，将衣服裁制得称身适体。女子身穿改良旗袍，加上高跟皮鞋的衬托，越发体现出女性的秀美身姿。

旗袍在改良之后，仍在不断变化。先时兴高领，后又为低领，低到无可再低时，索性将领子取消，继而又高掩双腮。袖子时而长过手腕，时而短及露肘，20 世纪 40 年代时去掉袖子。衣长时可及地，短时至膝间。并有衩口变化，开衩低时在膝间，开衩高时及胯下，50 年代时中国香港女演员等将开衩提高到胯间。另外，从 40 年代起省去烦琐装饰之风，使之更加轻便适体，并逐渐形成特色。

这期间女服除改良旗袍以外，还有许多名目，如大衣、西装、披风、马甲、披肩、围巾、手套等，另佩有胸花、别针、耳环、手镯、戒指等。

发式有螺髻、舞凤、元宝等，在民国初年流行一字头、刘海儿头和长辫等，20 世纪 20 年代时兴剪发，以缎带扎起，或以珠宝翠石和鲜花编成发箍。30 年代时烫发流传到中国，烫发后别上发卡，身穿紧腰大开衩至膝上的旗袍，佩戴项链、胸花、手镯、手表，腿上套透明高筒丝袜，足蹬高跟皮鞋，成为这一时期典型的中西合璧的女子服饰形象。

（摘自华梅《中国服装史》中国纺织出版社）

第三节　服装设计师的专业素养

在服装设计新浪潮中，如何看待服装艺术、领略并感受服装本身的语言，成为当下网络新媒体时代"注意力"经济中的"眼球之战"。一方面，要求服装设计师要具备较强的专业素质；另一方面，也提醒服装设计师要与时俱进，在保证服装功能性的同时注重审美性表达。因此，服装设计师在设计服装的过程中，既要满足市场需求，又要呈现一定的内在文化底蕴。

一、服装设计师的分化与演变

随着科技发展与社会文明的进步，人类的艺术设计表现形式也在不断地发展。在信息化时代中，人类的文化传播方式与以前相比也有了很大的变化，严格的行业界限也正在被打破。服装设计师极具想象力的思维模式正迅速冲破意识形态的禁锢，以千姿百态的形式释放出来。新奇的、诡谲的、抽象的视觉形象正不断地出现在大众的视野中。服装艺术所彰显的设计形式也越来越多，令人目不暇接。

服装设计师在执行设计任务时，绝不能只从个人的审美角度出发，满足个人的审美需求，应当同时兼顾社会经济、科学技术、情感审美的多角度需求，不断地完善与创新。当然，在这些众多的价值理念中，也存在着一定的矛盾性与特殊性。服装设计是物质生产和文化创造的重要产物，它总是以一定的文化形态为背景，运用一定的设计理念进行设计。由于不同的社会文化会诞生不同的服装形式，因此，运用相似的服装设计构思，遵循不同的社会规范也会产生完全不同的设计风格。

当下服装行业中多种多样的设计理念层出不穷，如何在设计过程中遵循设计规范，满足众多的"需求"，这也就要求设计师需要不断地去协调设计任务之间的矛盾。服装设计师既要有服装艺术设计的综合素质和实力，又要有较强的创新意识、市场观念、决策能力及应变能力。

总而言之，在服装设计过程中，服装设计师要善于通过富有创造性的设计理念与思维方式来强化服装本身的艺术视觉效果。服装设计的成功与否，时常取决于设计师自身的艺术审美品位、综合文化素质以及利用和把握各种艺术造型要素的能力。

二、服装设计师的基本知识结构

作为一名服装设计师，首先要热爱艺术、时刻关注流行资讯，其次要有深厚的艺术造诣和扎实的绘画功底，最后要拥有艺术理想，即创造自己独有的艺术世界，拥有敢为人先的时尚设计理念。身为时尚的探险者与弄潮儿，一名优秀的服装设计师必须做到对服装情有独钟，对不同种类的面、辅料有一定的欣赏能力与感知能力。

在服装设计前期的积累阶段，服装设计师要学会借鉴大师的优点，从优秀的作品中汲取营养和设计灵感。但这绝不等同于拼凑和照搬，而是通过学习服装设计大师的优点，同时结合自身优势，进行独立思考与设计。

裁剪、制作工艺技术是服装设计的重要基础，也是表达设计意图的重要手段，但这并不意味着学会裁剪和制作服装就是学会服装设计了，这些基础技能只是表达设计意图的工具，并非设计能力。在服装设计的整体实践过程中，绘画设计图仅仅是设计的开始。但不懂得如何实现自己的设计意图，只会"纸上谈兵"者，是无法在激烈的市场竞争中生存的。

一名优秀的服装设计师需要具备以下专业素质。

（1）赏鉴、善于观察的本领。学会从优秀作品中汲取灵感，从生活的点点滴滴中发掘设计理念。

（2）扎实的设计能力。能够独立思考，掌握服装设计的基本要素。

（3）深厚的艺术造诣。对服装设计有较高的审美把控力，具备敏锐的时尚洞察力，并在学习中不断积累进步。

（4）丰富的市场经验。能够把控服装市场动向，深入调查研究。

（5）人格魅力。具备良好的沟通能力与团队协作能力。

（6）基本专业技能。熟练掌握服装设计所必备的设计软件，如 Photoshop、Illustrator、CLO 3D、Style 3D 等。能够独立完成从创意收集、绘图设计、成衣制作的全过程。熟悉各种服装面料、辅料，能以不同方式进行组合再造设计。

第四节　数字化辅助服装设计实践

近年来，数字化辅助服装设计已经成为行业内的主流趋势。随着科技的进步和消费者对个性化、高品质服装需求的增加，数字化辅助设计在服装设计中的应用也越来越广泛。目前，许多服装企业及专业院校已引入了数字化设计技术，如 3D 建模技术（图 1-5）、人工智能技术等。这些技术不仅提高了设计效率，还使得设计师能够更精确地模拟和预测服装在实际穿着时的效果。此外，数字化工具使得个性化定制成为可能，满足了消费者对独特性和个性化的追求。随着人工智能和机器学习技术的飞速发展，数字化辅助服装设计将继续向智能化、精准化和可持续化方向发展。未来的数字化设计工具将更加智能，能够自动完成更多复杂的设计任务。同时，数字化工具也将更加精准，能够更准确地模拟服装的实际效果，提高设计的成功率。此外，随着全球环境问题的日益严重，可持续发展成为服装行业的重要议题之一。数字化辅助设计将有助于实现这一目标，通过减少浪费、提高生产效率和使用环保材料等方式，推动服装行业的可持续发展。

数字化辅助设计（Digital Aided Design，简称 DAD）是指利用计算机和相关的数字化工具来辅助设计的过程。这种设计方法涉及使用各种软件和应用程序，通过它们来创建、修改、优化和分析设计。在服装设计领域中，数字化辅助设计软件和应用程序已成为不可或缺的工具，如人工智能领域中 Midjourney（图 1-6）、Stable Diffusion、Dall 等；服装建模中的 CLO 3D（图

1-7 ）、Style3D、Marvelous Designer 等。这些数字化辅助服装设计软件和应用程序已经成为现代服装设计的重要组成部分。随着科学技术的不断进步和消费者需求的迭代升级，数字化辅助服装设计实践领域将不断迎来挑战和机遇。

图 1-5　服装 3D 建模（烂布 LANNB 数字时装工作室提供）

服装 3D 建模视频演示 1（烂布 LANNB 数字时装工作室提供）

图 1-6　Midjourney 使用界面　　　　图 1-7　CLO 3D 使用界面

一、人工智能

　　人工智能（AI）是一门新兴的技术科学，它致力于研究和开发能够模拟、延伸和扩展人类智能的理论、方法、技术及应用系统。作为计算机科学的一个重要分支，人工智能涉及多个学科，如数学、心理学、哲学等，旨在探索智能的本质，并生产出一种新的能与人类智能相似的方式做出反应的智能机器。服装设计人工智能技术是利用人工智能技术来辅助服装设计的过程。这种技术结合了计算机科学、模式识别、机器学习等领域的知识，通过模拟人类的创造力和审美观念，为设计师提供智能支持和创新灵感。服装设计人工智能技术依赖于大数据分析和机器学习算法，通过对大量时尚数据的学习和分析，人工智能系统能够识别流行趋势、消费者喜好以及设计元素之间的关联，为设计师提供准确的市场预测和设计建议。在实践应用方面，服装设计人工智能技术已逐步应用于流行趋势预测、款式设计、图案设计以及智能制造等方面。通过预测未来的时尚趋势，设计师能够提前准备符合市场需求的产品，如可以帮助设计师快速生成多样化的设计方案或独特的图案纹理，从而提高设计效率，为服装增添个性化元素。在人工智能领域中Midjourney、Stable Diffusion、Dall 等是目前最具代表性的工具。

　　Midjourney 是一个利用人工智能技术生成图像的应用程序（图 1-8），于 2022 年 3 月正式推出。这款应用程序可以根据用户输入的文字内容，自动生成相应的图像，帮助人们更好地理解和记忆相关信息。Midjourney 的工作流程有三个组成部分：输入文本、生成图像和输出结果。用户只需输入想要的文字描述，Midjourney 便利用人工智能技术将这些想法迅速转化为图像。这一过程通常只需要大约 1min，非常高效。此外，Midjourney 还提供了多种艺术风格供用户选择，如安迪·沃霍尔的波普艺术风格、达利的超现实主义风格、毕加索的立体主义风格等，这些艺术风格让生成的作品更具多样化和个性化。

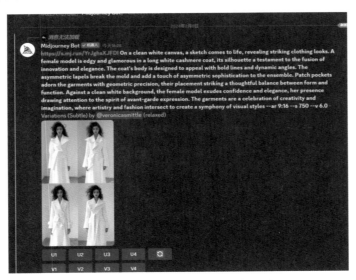

图 1-8　Midjourney 应用于服装设计

　　在服装设计方面，Midjourney 允许设计师通过输入设计要求、风格参考和必要的约束条件，快速生成多个不同款式、材质和配色方案的服装设计图像。这大大缩短了设计周期，让设计师能在很短的时间内评估不同设计的优劣，并与客户或团队分享创意。此外，Midjourney 还提供了线稿渲染的升级功能，设计师可以通过输入简略的线稿或轮廓图，快速生成带有水彩、油画、铅笔素描等风格的渲染效果（图 1-9 ~ 图 1-12）。这不仅节省了设计师的时间和精力，还为他们提供了更多试验和创造的可能性。Midjourney 为服装设计领域带来了革命性的影响。它所生产的产品融合了现代与传统元素，展现出一种兼具传统韵味和现代气息的独特魅力。设计风格既追求简约大气，又保留了一定的复杂性和立体感，让人既能感受到舒适和清爽，又能享受到细节的丰富。同时，Midjourney 注重设计的美学效果，并充分考虑了功能性，使设计成果既美观又实用。Midjourney 与服装设计的结合是创新科技与时尚艺术的完美结合。它为设计师提供了更广阔的创意空间，推动了服装设计领域的创新和发展。

图 1-9　Midjourney 生成的清新风格　　　图 1-10　Midjourney 生成的职业风格
　　　　礼服效果图　　　　　　　　　　　　　　服装效果图

图 1-11　Midjourney 生成的草间弥生　　　图 1-12　Midjourney 生成的素描风格
　　　　风格服装效果图　　　　　　　　　　　服装效果图

　　与 Midjourney 相比，Stable Diffusion 是一种基于扩散过程的图像生成技术（图 1-13）。它通过模拟随机漫步的过程，使设计元素在高低浓度区域之间有效扩散，从而生成丰富多样的服装设计图像。这种技术特别适用于需要快速生成多样化设计方案和预测流行趋势的场景。而 DALL-E 2（简称 Dall）是美国人工智能研究公司 OpenAI 推出的图像生成模型，它采用 Transformer 架构，并以自监督学习的方式进行训练。Dall 可以根据用户输入的文字描述生成对应的图像，具有强大的图像生成能力和创造性（图 1-14）。在服装设计方面，设计师可以通过描述他们的创意和想法，利用 Dall 生成与之相匹配的服装设计图像（图 1-15、图 1-16）。总之，Stable Diffusion、Midjourney 和 Dall 在服装设计方面的区别主要体现在技术原理、应用场景和生成效果上。Stable Diffusion 侧重于通过扩散过程生成多样化设计方案，Midjourney 与 Dall 则侧重于根据文字描述生成具有创造性的图像。这些工具各自具有独特的特点和优势，设计师可以根据具体需求和场景选择适合的工具进行服装设计。

图 1-13　Stable Diffusion 使用界面　　　　　图 1-14　Dall 使用界面

图 1-15　Dall 生成的中式风格男装效果图　　图 1-16　Dall 生成的中式风格女装效果图

二、服装建模

服装建模是指利用三维建模技术创建服装的三维数字模型。其原理基于三维几何学和计算机图形学，通过构建服装的几何形状、纹理贴图和光照效果，实现服装在虚拟环境中的真实展示。服装建模技术广泛应用于服装设计、虚拟试衣、电子商务、游戏开发等领域。设计师可以通过建模软件创建各种款式和风格的服装，客户则可以在虚拟环境中试穿和购买服装，为电商行业带来了全新的购物体验。在游戏开发中，精确的服装建模能为游戏角色赋予真实的外观和气质。

服装建模流程通常包括确定服装款式、创建基础几何体、调整形状、添加细节、贴图、渲染等步骤。常用的 3D 服装建模软件有 CLO 3D、Style 3D、MD（Marvelous Designer）等，还有一些渲染建模的辅助软件如 Blender、Unreal Engine 5 等。

首先，从软件定位来看，CLO 3D 主要侧重于服装设计的可视化和逼真效果展示，它允许设计师在电脑上直接虚拟缝制出具有真实感的成衣，为设计师提供直观、准确的设计预览（图 1-17）。

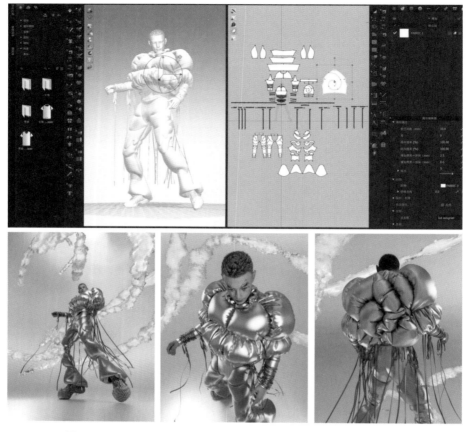

图 1-17　服装设计的可视化（烂布 LANNB 数字时装工作室提供）

服装 3D 建模视频演示 2（烂布 LANNB 数字时装工作室提供）

　　Style 3D 更注重从设计到生产的全流程数字化管理，它提供从设计到生产的全流程解决方案，包括 3D 设计、推款审款、3D 改版等功能，旨在提高整个设计、生产过程的效率和准确性。

　　Blender 是一款免费开源三维图形图像软件，提供从建模、动画、材质、渲染到音频处理、视频剪辑等一系列图像与视频制作解决方案。Blender 拥有方便在不同工作下使用的多种用户界面，内置绿屏抠像、摄像机反向跟踪、遮罩处理、后期结点合成等高级影视解决方案。服装可以通过 Blender 进行渲染，以达到更真实的实物质感（图 1-18）。

　　其次，在操作方式和用户体验方面，CLO 3D 提供了直观易用的操作界面，设计师可以通过拖拽和放缩来调整服装的尺寸和样式，实现快速的设计和修改。Style 3D 则以其强大的面料数字化和仿真模拟功能为特色，设计师可以精准地扫描和数字化面料，实现高精度的图像处理功能和仿真模拟功能（图1-19）。而 Blender 内置有 Cycles 渲染器与实时渲染引擎 EEVEE，同时还支持多种第三方渲染器。Blender 为全世界的媒体工作者和艺术家而设计，可以用来进行三维可视化设计，同时也可以创作广播和电影级品质的视频，其强大的设计功能和高效的操作体验深受设计师的喜爱。

图1-18 Blender 服装渲染（烂布 LANNB 数字时装工作室提供）

最后，在应用场景方面，CLO 3D 适用于专业的服装设计师、制版师，它可以帮助设计师快速呈现设计效果，提高设计沟通的效率（图1-20）。Style 3D 则更适合于服装品牌商、原始设计制造商等需要全流程数字化管理的企业，它可以帮助企业实现设计到生产的高效协同和精准管理。

因此，服装设计师可以根据自身需求和目标选择适合的软件工具，以提高设计效率和质量。同时，随着数字化技术的不断发展，这些软件也将继续完善和优化，为服装设计行业带来更多的创新和发展机遇。

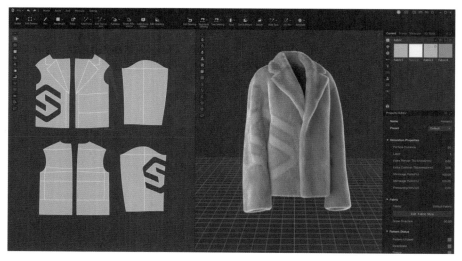

图 1-19 Style 3D 仿真模拟

图 1-20 CLO 3D 渲染服装（烂布 LANNB 数字时装工作室提供）

服装 3D 建模视频演示 3（烂布 LANNB 数字时装工作室提供）

思考与练习

1. 服装设计的来源、定义、特征及作用是什么？

2. 简析中国和西方服装设计发展历程。

3. 作为一名服装设计师，应该具备哪些专业素养？

4. 在数字化辅助服装设计实践中，目前有哪些软件可供创意提取或服装建模？请简要举例。

第二章
服装设计与人体美学

人类在历经不同年龄阶段的同时身体也在不断地发生变化，要求服装造型也不断变化。从生理学角度来看，男女人体在身体结构上有着明显的差异，这种差异以不同服装风格与款式造型呈现在世人面前。

在服装设计中，服装造型款式的多样性建立在人体美学基础之上。不同的人体结构与外形特征是服装造型设计审美的关键因素。服装设计师在设计服装时，不仅要考虑到人体的运动机能，突出其实用性与功能性，更要兼具外在的美观性。因此，不同的人体造型结构直接或间接地影响着服装整体造型的美感。设计师除了要具备对服装造型的专业设计技能外，还要对人体结构有充分的了解。

服装设计在满足实用功能的基础上应密切结合人体的形态特征，利用外形和内在结构的设计，扬长避短，充分体现人体美，展示服装与人体完美结合的整体魅力。

第一节　成年人体的基本结构与外形特征

服装是以人体为基础进行造型的，通常被称为"人的第二层皮肤"。人是服装设计紧紧围绕的核心，服装设计不仅要依赖人体穿着和展示才能完成，同时还受到人体结构的限制。因此，服装设计的起点应该是人，终点仍然是人。在生物学分类中，人体隶属于脊椎动物。人体的脊椎成垂直状的纵轴，身体左右两侧对称，这是人在形态构造上区别于其他动物的主要特征。

一、成年男性人体的基本结构与外形特征

从人体工学的角度出发，服装与人体体型具有唇齿相依、鱼水不分的关系。人体的外形可分为头部、躯干、上肢、下肢，其中躯干包括颈、胸、腹、背等部位。上肢包括肩、上臂、肘、下臂、腕等部位。下肢包括胯、大腿、膝、小腿、踝等部位。

首先，从外部形态上看，男女两性最明显的差异是生殖器官，这是第一性差。第一性差以外的差异称为第二性差，我们所说的男女体型差异主要是指第二性差。

其次，从人体的整体造型上看，由于长宽比例上的差异，明显地形成了男女各自的体型特点。男性体型（见图2-1）与女性体型的差别主要体现在躯干部位，特别明显的是男女乳房造型的差别，女性胸部隆起，外形起伏变化较大，曲线较多，而男性胸部较为平坦，外形以直线为主；从宽度来看，男性两肩连线长于两侧大转子连线，而女性的两侧大转子连线长于肩线；从长度来看，男性由于胸部体积大，显得腰部以上发达，而女性由于臀部的宽阔显得腰部以下发达。

自腰节线至臀部下部连线所形成的两个梯形，男性上大下小，而女性则上小下大。男性腰节线较女性腰节线略低。女性臀部的造型向后突出较大，男性则较小。女性臀部特别丰满圆润而且有下坠感，臀围可视效果感觉明显偏大，男性臀部可视效果感觉明显偏小，并且没有下坠感。男装上衣主要有夹克衫、衬衫、西装上衣、中山装、两用衫、背心等，这些款式的男装都需要表现男性的气质、风度和阳刚之美，强调严谨、挺拔、简练、概括的风格。

图 2-2 是不同身型的男性人体。

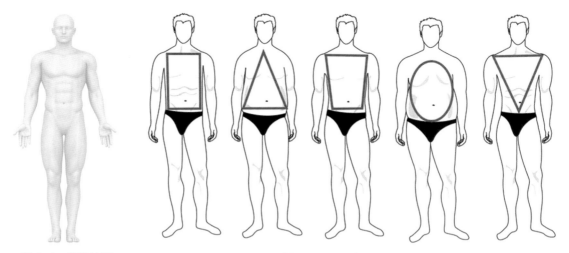

图 2-1　男性体型　　　　　　　　　　　　图 2-2　不同身型的男性人体

最后，男性体型的三围比例，即胸围、腰围、臀围，与女性体型的三围比例相比有较大的差异。男性体型的三围数值相差较小，而女性的腰围与臀围的数值相差较大。男性体型可用 T 型来概括，女性体型可用 X 型来概括，可以明显地看出男性体型本身的挺拔、简练的特征和女性体型本身的曲线、变化的优美特征的对比。T 型和 X 型在很大程度上影响了不同性别的服装外形特征的设计思维，从古到今都可以看到这一点，尤其是西方服装史上这一特征更为突出。以上这种视觉观念在人们的思想里已经根深蒂固，在设计男女不同的服装时应该去认真地研究它，以获得有规律的研究成果来为设计服务。例如，男式大衣类的设计多以筒型、梯形为主，而女式大衣类多以收腰手法进行设计等。

裤装便于行动，穿着裤装方便人们做一些动作和从事体力工作，所以设计师常以男性体型为参照对象，设计较为宽松的裤型，尤其是横裆和中裆部位。

从裤装的使用功能来研究，男裤的设计也要求与女裤在使用功能上有一些区别，特别是在结构设计方面的要求更是突出。如男裤的门襟设计要求既要符合穿脱方便，又必须要符合男子小便方便的特殊性使用功能，所以男裤的门襟一般都是设计在前裤片左右的中央处，门襟的长短依人体功能的要求为准，一般为 18 ～ 20cm（标准裤型，不包括低腰裤）。

当然女裤门襟的设计就不一定要考虑这一特殊要求了，我们看到现在有许多女裤的门襟也都是设计在裤型的前面正中央，甚至与男裤的区别几乎为零，这主要是受女装男性化设计思潮的影响产生的一种流行款式而已。但是女裤开的门襟之长度一般短于男裤，男裤要考虑小便的方便功能，而女裤则是要考虑穿着时腰围与臀围的可穿性功能，女裤这个设计也同样有着某种实用功能和审美功能。

男性体型的另一个突出的特征是人体上体部位的"膀宽腰圆"，所以受此影响男下装设计一般不予强调腿型和展示下半部的体型特征，而受女性体型特征和审美观念的影响，女裤、女裙的设计却正好相反，设计师一般都要较多地考虑如何设计优美的女下装来充分展示出女性的曲线美。

男性体型中三围的比例关系决定了男装风衣类的基本款式造型，这类款式主要包括历史上的男性袍服，现代的长、中、短风衣（图2-3），长、中、短大衣等。这些款式的设计一般都受男性躯干造型固有特征的影响，多以男性躯干造型为设计参考，所以这类服装收腰设计很少，外形以筒形居多。

另外，男式礼服（图2-4）设计更要以男性人体的造型特征为根本，强调礼服的整体轮廓造型，符合男性体型的结构比例，严格、精致的制作工艺，使用优质服装面料以及沉着、和谐的服装色彩。

图2-3 男式风衣　　　　　　　　图2-4 男式礼服

二、成年女性人体基本结构与外形特征

人们对于不同性别的审美有着不同的要求，如女性的体型特征（图2-5）和女性走路的姿势特征都与男性有着很大的差异，设计师应善于利用服饰心理效应捕捉女性人体体型特征，从而设计出符合时代审美的服装。其中，欧洲中世纪之后女装的发展与中华民国初期的女装设计都极其注重女性体型的固有特征，具体表现在细腰、丰胸、夸张臀部的整体曲线造型上。在19世纪欧洲服装史上一度出现了紧身胸衣，以特制的服装来装束女性，夸张女性臀部造型，甚至不惜伤害

自己的身体来达到这一目的（图2-6）。

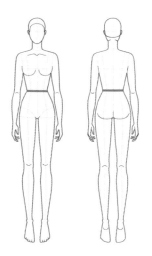

图2-5 女性体型

图2-6 女士紧身胸衣

　　无论过去还是现在，服装设计师设计服装时主要是受其体型特征影响的，这种影响往往是很主观的，也就是审美观的问题，是值得我们深入研究的。特别是女式裙装的设计更是受女性人体造型审美的影响，例如欧洲新洛可可时期流行的女式裙装，从中可看出女性体型特征对女装设计影响的力度（图2-7）。

图2-7 正在穿着克利诺林的新洛可可时期女性

　　在女裤设计方面也是如此，设计师在遵循实用原则的前提下首先考虑的是如何体现女性的臀部、腰部和腿部的美感，所以女裤的设计多以"收腰显臀"为设计原则（图2-8）。即便是宽松式的裤型也往往是将宽松的部分设计在臀围以下，使得裤脚管宽松，因为这并不能破坏"收腰显臀"的可视效果，如大喇叭裤和宽脚裤等。

　　女性体型的曲线感在女式礼服的设计方面更是受女性体型特征的影响，设计师要考虑女性人体体型本身与礼服相互融合而展示女性独特魅力的效果，如晚礼服要以胸围、腰围、臀围造型的比例特征为思考重点，力求要设计出具有曲线美、富有女人味儿的礼服。受西洋文化的影响，中国今天的婚纱礼服（图2-9）设计同样强调"袒胸露臂""收腰显臀"甚至夸大女性臀部造型，并且对头饰"精雕细凿"配以长长的裙拖，这样的设计正是女性体型特征本身传达出的"内容"，也深深地影响到了设计师的设计审美。正是这些极美的人体带给了服装设计师无穷的想象空间和设计灵感，从而创造出了灿烂的现代服饰文明。

图 2-8　女士牛仔裤装

图 2-9　中国婚纱品牌 LANYU

第二节　成年人体不同体型的服装设计原则

　　人的身体是由头部、躯干、上肢、下肢四大部分组成的，但是每个人的体质发育情况各不相同，在体型上就出现了高矮、胖瘦之分。还由于个人发育的进度不同、健康的状况不同等也会形成不同类型的体格。在进行服装设计时，必须考虑人的不同体格的特点，并科学地加以修饰。

一、A型体型服装设计原则

　　A型体型又称为"梨形身材"（见图2-10）。A型体型的人通常肩窄、腰细、臀宽、大腿丰满，脂肪主要沉积在臀部及大腿。上身较瘦，下身多半丰满，就像字母"A"。

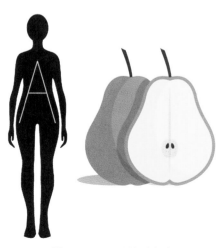

图 2-10　A 型体型女士

A 型体型的形成与雌激素大量分泌有关。男性若是呈现这种身材，则不利于运动，且缺乏美感。在针对 A 型体型的人进行服装设计时，应适当加大服装外部廓形，修饰下半身，用以遮盖脂肪为主要设计攻破点。

一般来讲，由于 A 型体型的人肩部比胯部窄，因此只需使肩膀看上去接近胯部的宽度，就可以打造成标准身材。除此之外，对肩部进行肩章等装饰设计也能增强肩宽、提升肩部线条与立体视觉造型感。

垫肩、大翻领设计、一字领、公主袖、印花图案等都可以在视觉上使肩部显宽（图 2-11）。在为 A 型体型的人进行服装设计时，设计师要特别注意不仅要增加肩部宽度，而且要避免进行具有膨胀感的下装设计，下装应当以简洁为主要设计方向。

图 2-11　具有肩部显宽视觉效果的女装款式

为 A 型体型的人设计服装时可采用"色彩弱化法"，即应用"深色收敛，浅色膨胀"的设计原理。可以利用色彩的视觉效应，通过服装色彩搭配来调整身材比例，凸显优点，掩盖不足。

例如，设计整体套装时，应尽量上装使用浅色，下装使用深色，进行色彩组合设计搭配，并通过视觉平衡来进行综合设计（图 2-12、图 2-13）。如浅色的上衣款式可增加肩部的宽度，而深色的下装则可以收敛视觉比例，它们都能帮助 A 型体型的人群收敛臀、胯部的视觉线条。

对于 A 型体型的人而言，设计师通过肥大、宽松的长裤、长裙设计，可以有效地将其下半身进行遮挡，以达到弱化臀、胯部和腿部人体结构线条的目的。

例如，当设计师在为 A 型体型的人设计服装时，应当尽量避免紧身设计，多选择宽松式的设计理念，弱化臀、胯部与腿部的轮廓，在视觉上进行遮挡设计。设计师需要注意简化下身，尤其是臀部和大腿的衣量，不能对这些部位进行强化，应避免在臀部附近有任何复杂的装饰设计，如强烈的对比色设计、较大的口袋设计、过于装饰性的滚边设计等。此外，紧身衣裤、针织面料、印花图案的下装设计都是不合时宜的。同时，应尽量避免选用质地柔软、贴身的面料进行下装设计。

图 2-12　适合 A 型体型女性的套装

图 2-13　女士腰部拼色连衣裙

　　除此之外，设计师在运用遮挡设计原则时，应当多为 A 型体型的人设计 H 型、茧型的长款服装。这类服装款式会帮助 A 型体型的人群隐藏肩部、腰部、臀部的宽窄变化。设计师在设计 H 型或茧型的服装时，要对下身服装进行简化设计，以低调或增长为设计主旨，始终遵循"上宽下紧"的设计法则。

　　除此之外，A 型体型的人还要学会利用抢眼的项链（图 2-14）、围巾（图 2-15）等饰品，把他人的注意力集中在较瘦的上半身，这样就能扬长避短，彰显优势了。

图 2-14　造型夸张的项链

图 2-15　造型夸张的围巾

二、H型体型服装设计原则

　　H 型体型人的特点是"上下一样宽"，三围曲线变化不明显，多表现为胸部、腰部、臀部尺寸相近，是典型的筒型身材。由于腰际脂肪过多，使得上半身缺乏曲线变化。这种体型的人通常胯窄、腿长，如田径、排球运动员等。

在为 H 型体型的人设计服装时，应当对腰部进行收紧设计，强化肩部与臀部，以沙漏式女装为基准，凸显女性腰部线条，或夸张臀、胯部位线条，进行强调造型设计。在为 H 型体型的男性设计服装时，应当考虑到男性人体体格的倒三角身形结构，重点突出肩部线条，彰显男性阳刚、健壮的一面。

在服装色彩配比方面，应重点在腰部进行深色设计，从而使腰部线条进行收缩。如在上装的两侧进行拼色设计，可达到很好的视觉修身效果，使腰部显得更加纤细，整体线条比例更加协调。

三、O型体型服装设计原则

O 型体型又称为"苹果型身材"，最主要的外貌特征是腰围大于胸围和臀围，大量脂肪堆集在腰腹部，就像字母 O。

O 型体型的人下肢纤细修长，腰腹却突出浑圆，类似于中年男性的体型。在为 O 型体型的人设计服装时，应当对腰部进行放松设计，从胸部开始进行放松，弱化腰部线条，突出腿部线条。

在服装色彩配比方面，应尽量避免运用浅色系。较浅的色系容易放大视觉效果，如腰腹部显得更加浑圆。应多以深色系为主，配以较小比例的浅色，从而达到良好的视觉设计效果。

四、X型体型服装设计原则

X 型体型又称为"沙漏型身材"，这一体型人群主要以女性为主，特征为胸部丰满、腰细、臀宽、大腿纤长，是拥有曼妙腰胯线的完美身材，因此也称为 S 型身材。

在一系列跨文化研究中，不同年龄的男性都认为腰臀比为 0.7 的 X 型身材女性最有魅力，更容易获得男性青睐。就女性而言，X 型体型女性人群是较为完美的人体体格，因此，在服装设计中所呈现出来的服装作品都极具女性优雅、柔美的特质。X 型体型的代表人物有玛丽莲·梦露（图 2-16）等。

图 2-16　身着白裙的玛丽莲·梦露

五、Y型体型服装设计原则

Y 型体型和 A 型体型正好相反，Y 型体型是肩宽、臀窄、腿细的倒三角身材。Y 型体型上身宽大，从臀部以下越来越细，就像字母 V，又称 V 型体型、T 型体型。这种体型的男性胸部宽阔、躯干厚实，上身肌肉发达、下肢修长，走起路来颇有英雄气概，西装革履也十分潇洒。

但对于 Y 型体型的女性而言，设计师在进行服装设计时应当尽量避免对肩部进行夸张设计，最好选用插肩袖、蝙蝠袖（图 2-17）、蝴蝶袖（图 2-18）等服装款式元素，以达到弱化肩部的目的。

图 2-17 蝙蝠袖女装

图 2-18 蝴蝶袖女装

知识拓展

蝙蝠衫

蝙蝠衫是一种插肩式的女装上衣，其造型特点是袖窿肥大，并从袖窿处急剧收缩成窄袖口，其下摆像夹克衫那样紧缩于腰间。如果张开双袖，就好像蝙蝠翅膀的形状，蝙蝠衫便由此而得名。这种服装的设计思想一方面是受印第安人服装的影响，另一方面是追求自然形态的仿生设计。其面料多选用棉、麻、化纤织物，花色不限，穿用时间多在春秋季节。这种服装设计新颖、大胆，充满浪漫气息和自然美，穿着起来活动方便自如，生动潇洒，因此深受女青年的青睐。与蝙蝠衫搭配的最好是比较瘦的裤子，而裙子则不太适宜，因为蝙蝠衫很肥大，如果下身的服装也很肥大，就不能形成强烈的对比效果。近年来人们还利用各种毛线来编织蝙蝠衫形的毛衣，其效果更为别致。

（摘自卢乐山著《中国女性百科全书社会生活卷》东北大学出版社）

第三节　儿童人体的外形特征与服装设计原则

童装设计首先是满足儿童生理功能以及心理功能的需要，其次是满足父母等对童装的审美需要。因此，掌握儿童生理及心理特征是首要条件。另外，由于童装的品种多、变化较为复杂，因此设计时必须掌握儿童在每一生长时期的体型、性格、爱好、活动及心理发育等的特点。此外，还要结合具体的季节、气候、用途等进行全面的设计。儿童不同时期有着不同的外形特征，根据生理和心理特性的变化，可分为婴儿期、幼儿期、小童期、中童期和少年期。

一、儿童人体的外形特征

婴儿主要指从出生至1周岁，身高通常在50～70cm且手脚短粗的儿童。这一时期儿童的特点是脖颈较细、较短，皮肤细嫩，睡眠多、发汗多、排泄次数多等。

幼儿主要指1～3周岁，身高通常在70～90cm的儿童。这一时期的儿童活泼好动，头部大，腹部前挺，腰、胸、臀部的围度相差甚小。

小童主要指4～6周岁，身高90～110cm的儿童。这一时期的儿童体型特点是挺腰、凸肚、肩窄、四肢短，胸、腰、臀三部位的围度尺寸差距不大。

中童主要指7～12周岁，身高120～145cm的儿童。这一时期也称为小学生阶段，是儿童运动机能和智力发展显著的时期。他们逐渐脱离了幼稚感，有了一定的想象力和判断力，但尚未形成独立的观点。生活范围从家庭、幼儿园转到学校的集体之中，学习成为生活的重心。男女体型的差异也日益明显，女童在这一时期开始出现胸围与腰围差。

少年主要指13～17周岁，身高145～175cm的儿童。这一时期是身体和精神发育成长明显的阶段，也是逐渐向青春期转变的时期。少女胸部开始丰满起来，臀部的脂肪也开始增多；少男的肩部变平变宽，身高、胸围和体重也开始明显增加。除了生理上的显著变化外，少年的心理上情绪易于波动，喜欢表现自我，因此少年期是一个"动荡不定"的时期。

二、儿童服装设计原则

婴儿期服装在设计方面常以细软的天然织物为主，如纯棉面料、纯棉双面绒等；色彩以浅蓝、浅粉、浅黄为主，给人以清新、淡雅的温暖感觉（图2-19）。此外，应避免选择过于复杂的服装结构与烦冗的装饰，如可采用侧面系带等款式，有效防止系带脱节等问题发生。

图2-19　婴儿期服装

幼儿期服装在设计方面常以宽松、便于运动的风格为主，多选用穿脱方便的衣裤，如背带裤、娃娃衫等。高腰设计风格较多，不仅活动起来方便自如，而且能够彰显儿童活泼可爱的精神面貌。在面料方面多选用耐磨、弹性好、较柔软的天然、化纤或混纺面料。色彩及图案方面常选用鲜艳亮丽的色系与趣味性较强的动植物图案，一方面表现儿童的天真烂漫；另一方面使童装成为其认识世界的一种途径（图 2-20）。

图 2-20 幼儿期服装

小童期是儿童智力发育的旺盛期，好学且模仿能力强。这一时期的服装设计可以带有成年装的某些特点，但始终要以方便穿脱为前提，如夹克衫、短大衣、长袖裙等。面料的选用可根据季节与款式而定，主要以舒适耐磨为主。色彩及图案方面活泼明快，可运用多元化艺术表现手法，如具有抽象性、装饰性的艺术元素等，在一定程度上启蒙儿童的智力发育（图 2-21）。

图 2-21 小童期服装

中童期服装造型不易过分花哨，整体上具有活泼整洁、健康向上的效果即可。在男童装设计上可凸显一定的男子汉气概，如色彩或图案的选用等；女童装设计上则可采用花边蕾丝、珠片等，以此来表现活泼、可爱的造型效果。在面料方面，应多选用质地坚牢、耐磨的面料（图 2-22）。

图 2-22　中童期服装

少年期服装在设计时要以经济、实用、美观为原则，并以简洁、轻快的造型手法来展现少男少女们纯真、青春和略带稚气的个性。在面料、色彩选用方面，通常趋向流行化特征，使其在穿着时充满时代气息。

思考与练习

1. 简述男、女装人体基本结构与外形特征有哪些？

2. 当针对 A 型、H 型、O 型等体型人群进行服装设计时，应当遵循哪些设计原则？

3. 当针对不同时期的儿童进行服装设计时，应当遵循哪些设计原则？

第三章
服装设计基础理论

服装设计属于工艺美术范畴，是实用性和艺术性相结合的一种艺术形式。服装设计基础理论是服装设计师在设计之初必须掌握的专业理论知识，主要涵盖了服装设计的形式美与内在美。其中，服装设计形式美的定义、原理及运用为服装设计的外在提供了科学的设计依据，而服装所蕴含的内在精神属性为服装设计的内涵注入了更多文化活力。

第一节　服装设计美学原理

服装美学隶属于美学研究范畴，它与普通美学有着同一的本质特性，既与哲学相联系和渗透，又有着自己的研究重点；既侧重于服装的审美意识、心理、标准等基础理论，又包括应用理论与发展理论。

一、服装设计的形式美

服装所呈现出的形式美感与功能机制是尤为重要的。设计师不仅要考虑服装的整体视觉感观，同时要考虑服装的功能性与物质性，在满足穿着者的基本需求之外，融入一定的形式美与功能美。从本质上讲，形式美基本原理和法则是变化与统一的协调，是对自然美加以分析、组织、利用并形态化的反映，是一切视觉艺术都应遵循的美学法则，贯穿于绘画、雕塑、建筑等在内的众多艺术形式之中，也是自始至终贯穿于服装设计中的美学法则。

形式美法则是一种艺术法则，是事物要素组合构成的原理。服装形式美法则是指服装构成要素进行组合构成的原理，主要有比例、平衡、韵律、视错、强调等方面的内容。

（一）比例形式美

服装上的比例是指服装各个部位之间的数量比值，它涉及长短、多少、宽窄等因素。主要比例关系有上装与下装、腰线分割、衣长与领长、领宽与肩宽、附件与服装、附件与附件等。比例是相互关系的定则，体现各事物间部分与部分、部分与整体间的数量比值。比例就是服装各部分尺寸之间的对比关系。例如，裙长与整体服装长度的关系、口袋的面积大小与整件服装大小的对比关系等。当对比的数值关系达到了美的统一和协调，即被称为比例美。

在服装设计中，黄金比例可简化为 3 ：5 或 5 ：8，这一比例常用于古典风格的晚装和优雅套装的设计中。数列比例在服装上常以 3 个或 3 个以上的多种比例形式出现，如等差比例、调和数列等。依照数列造型，不仅给渐变设计提供了数量限定，还会丰富渐变的表述。反差比例是将服装设计主要部位的比例关系极大地拉开，产生强烈的视觉反差效果（图 3-1 ～图 3-3）。

图 3-1　长款裙装设计中的比例形式美　　图 3-2　中长款裙装设计中的比例形式美　　图 3-3　短款裙装设计中的比例形式美

（二）平衡形式美

在服装设计中，平衡形式美是一种至关重要的审美原则。它主要指的是在服装构成的基本因素之间，通过巧妙安排达到对立统一的关系，从而在视觉上和心理上营造出平稳与安定的效果。这种平衡既可以是静态的，也可以是动态的，既可以是绝对的，也可以是相对的。平衡形式美在服装设计中体现为对称与均衡两种形式。对称平衡强调服装元素在轴线两侧或中心点四周的严格对应，营造出一种庄重、典雅的视觉效果。均衡平衡则更注重元素间的相互补充和协调，即使元素在形状、色彩、大小等方面不完全相同，也能通过巧妙的布局达到整体上的和谐统一。

对称平衡应用于服装中可表现出一种严谨、端庄、安定的风格。在一些军服、制服（图 3-4）的设计中常常加以使用。不对称平衡是指轴的两边造型、面料、工艺、结构、色彩等服装的构成元素呈不完全等同状态。表现为构成元素的大小、形状、性质等的不同。如不同的裁剪结构、色彩等，易产生不同寻常的变化效果，富有动感。

现代设计师为了打破对称式平衡的呆板与严肃，求得活泼、新奇的着装情趣，更多地将不对称平衡的形式美应用于服装设计中。这种平衡关系是以不失重心为原则的，追求静中有动，以获得不同凡响的艺术效果。

（三）节奏、韵律形式美

节奏、韵律原本是音乐的术语，常常指音乐中音的连续，或音与音之间的高低、间隔长短在连续奏鸣下反映出的感受。在视觉艺术中，点、线、面、体以一定的间隔、方向按规律排列，并由于连续反复的运动从而产生了韵律。

这种重复变化的形式通常分为三种，即有规律的重复、无规律的重复和等级性的重复。这三种韵律的旋律和节奏不同，在视觉感受上也各有特点。设计师在进行服装设计过程中要注意结合服装风格，巧妙地应用以取得独特的韵律美感。

（四）视错形式美

由于光的折射、物体的反射关系、人看待物体的视角不同、距离或方向不同以及视觉器官感受能力的差异等原因造成视觉上的错误判断，这种现象称为视错。

例如，两根相同的直线，水平或垂直相交，在视觉感官上会错感垂直线比水平线更长。同样，如果取三个大小相同的长方形进行分割，人的视错会认为竖线多的长方形比一条竖线的长方形长。将视错形式美的法则运用于服装设计中可以弥补或修补形体缺陷。例如，利用增加服装中的竖条结构线（图3-5）或图案来掩盖较胖的体型等。

图3-4　制服中的对称平衡形式美　　　　　图3-5　无袖条纹服装

视错形式美法则在服装设计中具有十分重要的作用，利用视错形式美法则进行综合设计，能够充分发挥服装造型的优势。

（五）强调形式美

强调形式美是服装设计中不可缺少的一种形式美法则，该法则的运用可使服装更加生动且引人注目。强调因素是服装设计整体中最为醒目的部分，它虽然面积不大，但却具有吸引人视觉的强大优势，能起到画龙点睛的重要作用。

设计师可加以强调的因素多种多样，如根据设计元素所在不同位置或方向的不同而进行的强调，根据不同材质肌理而进行的强调，根据量感多少或大小而进行的强调等。通过强调形式美的不同表达，可使服装更具魅力。

知识拓展

点、线、面、体间的相互关系

点、线、面、体可以单独使用，也可以综合运用，但不要平均使用，而应有所侧重，或以面为主，或以线为主，或以点为主，或以体为主。当点、线、面、体综合运用时，要防止出现杂乱或堆砌的不良效果。服装是具三维立体空间的物体，服装设计狭义上主要是指服装的造型设计，就是运用形式美法则将点、线、面、体造型要素组合成形态各异的美的造型。

在造型设计中，点、线、面、体的概念都是相对而言的，有一定的模糊性和可变性。相对于造型整体而言，点、线、面、体间的形式可变性较强，整体上的某一部分可以看作是一个点，但它本身可能是一个较小的面或是几条线，抑或是一个小小的体。同样道理，小面积的体可以看作点；大点则可以看作面。因此，服装设计离不开这些造型要素，对于上述要素的特性、属性以及组合变化的方法，掌握和运用得是否熟练，是衡量一个服装设计师水平的标准之一。

（摘自徐亚平等著《服装设计基础》上海文化出版社）

二、服装设计的内在美

服装设计的内在美主要涵盖了审美价值、思想理念、时代文化背景、内容与形式的融合等诸多方面。其中，服装设计的美主要体现在整体结构关系的和谐与统一，包括实用价值与审美价值的双重融合，艺术与科技的跨界交叉以及感性与理性的和谐统一等。

服装设计的内在美既保留了服装实用功能，又兼具了艺术性、文化性、情感表达等。例如，以中国为代表的东方文化经历了数千年封建王朝的洗礼与更替，封建思想、礼教观念根深蒂固，儒道互补的价值观、天人合一的美学观成为中国服饰的主要文化思潮。在这种文化思想的背景下，中国传统服饰造型大多以传统、平面、直线裁剪的造型方式为特色，其特点为上下平直、宽松、离体、遮盖严谨，体现出中国传统文化天人合一的世界观和雍容大气的典雅风貌。在中国传统服饰发展的历史长河中，其主要强调的是宏大的精神、服饰礼仪特征及封建社会思想的教化功能。

相比之下，西方经历封建社会时间较短，资本主义的兴起和发展也较早。人文主义思想从文艺复兴时期就开始深入人心，个人主义的膨胀、个性的解放使服装造型从中世纪遮盖人体的禁欲主义束缚中解放出来。服饰形态朝着表现人体、追求塑造女性胸、腰、臀三围曲线发展，强调服装的外部曲线特征。例如，西方服装从文艺复兴开始就朝着人工装饰美的方向发展，直到 19 世纪末的服装造型都以表现人体的曲线美为主要特征。西方文化源于古希腊、古罗马，崇尚人体美的服饰文化，并受到当时绘画、雕塑等造型艺术巨大的影响。

服装设计的内在美对服装本身有至关重要的作用，主要具有以下三个特性。

（一）决定性

人类生存的本质力量包括自由、自觉的创造力、智慧、情感等方面，而内在精神美是人类最充分、最直接的价值体现。服装设计外在美是一种外在表征的形式美，而内在美是本质、内容方面的彰显，从根本上决定了服装与人之间的和谐感，是气韵与神采的充分表达。

（二）持久性

外在表征的形式美易于被外界发现，但同时也易于被外界遗忘，其所引起的美感是持续变动的、不确定的、易逝的，因而也是不够深刻的。而服装设计中所流露出的内在精神内涵美则能给予人内外兼备、长时间的、强烈的、深刻的心理感受。

（三）社会性

当人们穿着服装进行社会交流活动时，其美的价值始终依存于社会生活活动。而服装本身所具有的外在表征形式美与内在精神内涵美则带给人们由内及外的审美感受。

因此，设计师要始终注重关乎美的内在精神，达到内在美与形式美的和谐统一，才是服装设计师所要追求的终极设计目标。

第二节　服装设计形式美法则

服装设计师不仅要了解、熟悉各种形式要素的独特概念与基本属性，而且要善于把握不同形式要素间的形式组合。在掌握这些审美法则的同时，还需对各种审美法则进行系统、全面的探索与研究，总结出基本审美规律，在实践中掌握审美法则的基本要领。

在服装设计中，主要运用的审美法则包括统一与变化法则、对称与平衡法则、夸张与强调法则、节奏与韵律法则、视错法则等。

一、统一与变化法则

统一与变化也称多样与统一，是对立统一规律在服装设计构成上的具体应用。在设计构成中，任何物体形态总是由点、线、面、三维虚实空间、色彩、质感等元素有机组合而成为一个完整形态的。

统一是指图案的各个组成部分之间有内在的联系，是一种达成和谐目的效果的审美法则。在服装设计过程中，最能展现服装设计作品统一性的方法就是少一些构成要素，多一些组合形式。其中，差异和变化时常通过相互关联、呼应、衬托等手法以达到整体关系的协调目的，从而使相互间的对立关系从属于有秩序的关系之中，形成具有统一性与秩序感的审美形式。统一的手法还可借助均衡、调和、秩序等形式法则，以达到完美融合的目的，这不仅是服装设计中最基本的形式展现，也是体现服装设计师艺术表现能力的重要因素。

变化是指图案的各个组成部分有所差异，而相异的各种要素组合在一起时形成了一种明显的对比和差异的形式感，这种形式感具有多样性和变化性的特征。由此可见，变化是在各部分之间寻找差异，而统一则是寻求它们之间的内在联系及共同特征属性。如果没有变化，则意味着单调乏味、缺少生命力；如果没有统一，则会显得杂乱无章、缺乏秩序性。变化作为一种智慧与想象的表现，其强调的种种因素不仅体现在差异性方面，通常采用的是对比的艺术手法，造成视觉上的跳跃，同时也能强调个性。

统一与变化的关系是相互对立又相互依存的统一体，二者缺一不可。变化的作用是使服装更加富有动感，摒弃呆滞的沉闷感，使服装穿着在人体上后更加具有生动活泼的吸引力。从心理学的角度来看，服装是为减轻心理压力、平衡心理状态而服务的。变化是刺激的源泉，能在乏味呆滞中重新唤起活泼新鲜的趣味，但是必须以规律作为限制，否则必然导致混乱、庞杂，从而使精神上感觉烦躁不安，陷于疲乏。因此，变化必须从统一中产生，无论是廓形、色彩、装饰手法等都要考虑这些因素。避免不同形体、不同线型、不同色彩的等量配置，要始终有一个为主，其余为辅，从而为主者体现统一性，为辅者起配合作用、体现出统一中的变化效果。在统一中求变化，在变化中求统一，这不仅适用于每一件服装产品，也同样适用于一种环境、一个车间、一个房间的布局。

统一与变化作为形式美中最基本的法则，也是服装设计形式美的总法则。人们对统一与变化的审美追求，体现在与生活息息相关的各个方面，如在造型、色彩、材料、功能等方面都有着诸多的体现。设计师通常在设计过程中通过对比和突出重点的手法，来对服装设计作品进行评判与赏鉴。因此，统一与变化这一审美法则对人们的生活具有重大的实际意义。任何一种完美的服装造型都必须具有统一性。

因此，一切物象若想成为美的缔造者，必须兼具统一与变化的双重属性。只有统一而无变化显得毫无趣味，且美感也不能持久，过分注重统一性表达会显得刻板、单调。设计师在设计服装时，时常以调和手法作为设计媒介，以达到统一的目的。服装上的部分与部分间及部分与整体间应具有一致性。若要素变化太多，则会破坏一致的效果。其中，重复手法是形成统一的有效途径之一，如重复使用相同的色彩、线条等，就可以达到统一的目的特色。具体统一手法如下。

1. 内容与形式的统一

着装形式要与着装者的身份、职业、年龄、性别、身材、容貌、肤色、环境、气候、时代、民族习俗、思想、性格等方面相协调统一，要综合考量内在与外在因素。

2. 服装构成要素的统一

色彩、材料质感、造型款式要具有高度协调性一致。如男式西装一般要求造型大方简洁、注重线条自然挺拔，通常选用上装与下装相一致的面料、色彩多以稳重、低调、内敛风格为主。

3. 外轮廓与内分割线的统一

外轮廓与内分割线要统一运用流线型设计手法，若前身有省道，则后身也应有省道。

4. 局部与整体的统一

如领型、袖型、袋型、头饰、提包、鞋帽、纽扣等部件与整体造型风格相同或相似，使个性融于共性，从而达到整体统一的设计美感。

5. 装饰工艺的协调统一

一件精美的服装作品除了要有极具创意的设计感外，还要依靠精湛的工艺技术来体现。如晚礼服的工艺装饰通常要以华丽、典雅、高贵风格为导向，运用刺绣、钉珠、高级蕾丝等工艺装饰手法。

法国印象派大师莫奈曾对绘画艺术的构成有过一段精辟的论述："整体之美是一切艺术美的内在构成，细节最终必须服从于整体。"各要素要协调统一，相映成趣，给人以美感。因此，在服装设计中既要追求款式、色彩的变化，又要防止各因素杂乱堆积、缺乏统一性。在追求秩序美感的统一风格时，也要防止缺乏变化引起的呆板单调的感觉，在统一中求变化，在变化中求统一，并保持变化与统一的适度，才能使服装更加完美地呈现。

二、对称与平衡法则

在服装设计中，平衡一般指服装款式造型中的对称。这种平衡性设计通常具有稳定、静止的感觉，也是符合平衡概念的基本原则。平衡主要可以分为对称平衡与不对称平衡。前者是以人体中心为参考线，左右两部分完全相同。这种款式的服装给人一种肃穆、端正、庄严的感觉，但同时会显得有些呆板。而后者是一种心理感觉上的平衡，即服装左右部分设计虽不一致，但却有平稳的视觉感。如旗袍前襟的斜线设计，这种设计手法给予人一种优雅、温柔的亲切感。此外，设计师还需注意服装上身与下身之间的平衡，切勿出现"上重下轻"或"下重上轻"的视觉效果。

从视觉角度来看，设计师在运用平衡性原则设计手法时，应当注意当一件服装左右两边的吸引力是等同效果时，人的注意力就会像钟摆一样来回摆动，最后停在两极中间的一点上。如果此均衡中心点有细节装饰，则能使眼睛满意地在此停驻，并在观者的心目中产生一种愉悦、平静的感觉。因此，就一般服装款式来讲，服装的细节主要是指工艺、装饰、衣身结构等方面。同样的款式，是否有细节设置，效果大相径庭。无论是修身型、宽松型等，都需注重细节设计，这样才能满足人们的视觉审美需要。

当设计师在分析视觉均衡关系时，首先必须清楚了解两个概念，即度量和分量，这两者的整体效果的好坏直接影响设计的视觉均衡感。度量是分辨大小的量，分量是分辨色、质要素的量。假设服装两边运用的是同质、同色、同形、同量的材料，它们的度量关系一定是均衡的，但若改变其中某一部分的质和色，两者在视觉上就会瞬间失去均衡感。如一件服装的两边均是红色，但若一边选用轻柔的细纱，而另一边选用厚重的呢料；抑或是选用同样的面料，一边颜色较深，另一边颜色较浅，这些情况都会打破均衡视觉美。在服装的不对称设计中，应充分运用质和色使左右之间的关系达到均衡状态。

总之，对称设计或不对称设计都可以设计出优秀的服装，但需要注意的是，始终要把握各组合要素之间均衡与协调的关系。

三、夸张与强调法则

夸张本隶属于语言学范畴，是语言学中的一种修辞手法。在服装设计中，夸张以其独特的表达方式反映着设计师与服装作品之间的交流，满足人们的审美需求。

作为美学规律中较为重要的一种形式美法则，特别是对富有创意性的设计构思形式来说，夸张是一种必须要使用的形式美法则，其夸张的部位和程度直接反映出不同设计所具有的个性和内涵。如若缺少了适当的夸张，服装设计就失去了极具特色的艺术气质与风格特征。

对于服装设计师来说，在进行服装设计构思中如何使用夸张手法将设计作品的面貌更加符合形式美法则，是值得关注的。不同风格类型的服装有着不同程度的夸张标准，设计师要时刻把握好这些审美标准，才能设计出优秀的服装作品。

强调则是指统一原理中的中心统一，主要体现在使人的视线从始终定位在被强调的部分。在服装设计的具体应用中，强调手法的运用主要体现在两个方面。

1. 体现独特风格

如在轮廓、细节、色彩、面料、分割线或工艺等方面进行强调设计，体现服装独特的风格特征，如强调中式风格的秀禾服、强调西式风格的婚纱礼服、强调田园风格的休闲服、强调科技感的现代时装等。

◁ 2. 强调重点部位

如在领、肩、胸、背、臀、腕、腿等部位进行重点强调设计。这种重点的设计，可以利用色彩的对比强调、面料材质的搭配强调、廓形线条的结构强调及配饰使用造型强调等。但要注意的是，以上诸多强调方法，并不适宜同时使用，强调的部位也不能过多，应当只选用一两个部位作为强调中心。

四、节奏与韵律法则

节奏与韵律广泛渗透于人们的日常生活中。它们在动与静的关系中产生，是生命和运动的重要形式之一。节奏又称律动，是音乐中的术语。运动中的快慢、强弱，形成律动；律动的不断反复产生了节奏。

（一）节奏法则

在服装设计中，节奏通常是指将造型要素有规则地排列，当观者的视线随着设计作品的造型要素移动时，产生一种动感与变化的节奏感。衬衫纽扣的排列组合形式、荷叶边或波浪形褶状花边、烫褶、缝褶、刺绣及花边等造型细节都会以节奏的形式反复出现。当重复的单元元素越多时，节奏感会越强。相同的点、线、面、色彩、图案、材料等形式要素在同一套服装中重复出现时，由于它们重复出现的形式不同，所产生的效果也不相同。例如，百褶裙的裙褶是具有规律性的款式，在重复出现时均不发生变化，即为一种机械性的重复。因此，当完全相同的图案、色彩或其他形式要素在服装上进行机械性重复时，往往会产生质朴、安静的视觉效果，显得较为生硬且缺少变化。变化性重复是某种形式要素在重复出现时发生一定的变化。如斜裙下摆的褶纹、宽窄、大小、间距在重复出现时已发生变化，但仍保持相似的特点，这种重复即为变化的重复。长短不齐的线、大小不同的点或面、色相相同明度不同的色彩等其他形式要素经过适当处理及反复出现时，均可产生节奏。

（二）韵律法则

服装设计中的韵律主要是指服装的各种图案、色彩等有规律、有组织的节奏变化。韵律的表现形式共有两种，一种是形状韵律，另一种是色彩韵律。

◁ 1. 形状韵律

形状韵律的变化形式包括有规律重复、无规律重复、等级性重复、直线重复、曲线重复等。其中，有规律重复是指重复的间距相等，这种韵律会给人以较为生硬、刻板的印象。无规律重复是指重复的距离常常较为随机，没有规律可循，给人一种轻松、活泼之感。等级性重复是指重复的间距有一定的等比、等差变化，渐大或渐小、渐长或渐短、渐曲或渐直等，给人一种捉摸不透、充满变化的体验。直线重复是指用直线不断排列的组合形式。直线重复是常见的设计手法之一，例如在我国贵州省黔东南地区，苗族女性服饰中的百褶裙就是典型的直线重复。曲线重复是指由曲线不断重复的组合形式，包括静态和动态时所呈现的效果。例如婚纱礼服的裙摆往往以典型的曲线造型进行重复，给人以温柔、轻盈、优雅的感觉。

2.色彩韵律

色彩韵律是指将各种明度不同、纯度不同、色相不同的色彩排列在一起，从而产生色彩的动态变化，这种组合形式称为色彩韵律。色彩韵律必须由三种及三种以上的颜色进行组合，如果只有两种颜色，只能称为对比色，而不能产生色彩韵律。

此外，还有阶层渐增韵律、阶层渐小韵律、流线韵律、放射韵律等。

五、对比与调和法则

在服装设计中通常会采用要素间的相互对比来增强特征，给人以明朗、清晰的感官效果。对比或强烈、或轻微、或模糊、或鲜明都会比单色的应用更富于变化，但要注意始终在统一的前提下追求变化。调和是一种搭配美的现象，一般认为能使人愉悦、舒适的组合关系就是调和关系。以此观点来看，具有对比效果的色彩关系，只要处理得当，也可以是调和的配色。

（一）对比法则

对比是指两个性质相反的元素组合在一起时所产生强烈的视觉反差，如直线和曲线、凹形和凸形、粗和细、大和小等相互矛盾的元素等。通过对比法则可以增强自身的特性，但若过多运用则会使设计的内在关系过于冲突，缺乏统一性。服装设计中通常有款式对比、材质对比、面积对比、色彩对比和形态对比五种对比形式。款式对比指造型元素在服装廓形或结构细节设计中形成的对比。材质对比指将性能和风格差异较大的面料进行组合运用，使之形成对比关系并以此强调设计。面积对比主要指各种不同色彩、不同元素的面积构图对比。色彩对比指同类色、邻近色、对比色和互补色之间的对比。形态对比是动与静、轻与重、软与硬、大与小、外轮廓、面料和饰物等方面的对比，它是一种最简单的突出形象的方法。例如，外轮廓对比可从外轮廓进行构思，通过夸大服装某一部位，使服装外轮廓产生造型上的视觉差异；再如饰物对比，将面料与饰物进行对比，既可点缀服装，也可衬托服装自身风格特点。服装造型的集散关系主要由面料打褶的密集程度、工艺装饰的分布、饰物的点缀效果、面料图案的繁简等方面构成。运用集散对比法则可使设计元素集中的地方获得重点显示，从而产生视觉趣味点，加强视觉效果。

（二）调和法则

调和含有愉快、舒畅的含义。当两种或两种以上的色彩、图案等要素相互组合时，会产生某种秩序感，实现一种共同的表现目的，这种形式称为调和。调和的方法共分三种。第一种为相似调和（类似调和），指相互类似的物体组合在一起时所取得的调和。这是一种容易取得调和的设计方法，但是如果处理不当，也会缺乏变化，过于平淡。第二种为相异调和（对比调和），指相异的物体组合在一起所取得的调和。这是一种不易取得调和的设计方法，但若能够有技巧地处理，则会形成新鲜、富于变化的调和现象；如果处理欠妥，则会令人生厌。第三种为标准调和，前两种调和均有其优劣，因此标准调和就是取二者之长，既在类似中制造对比的要素，又在对比中以类似求安定、和谐。有了安定、和谐才能产生一致的效果；有了一致的效果，才能有统一的效果表现。

六、其他形式美法则

（一）视错法则

视错可以分为来自外部刺激的物理性视错、来自感官上的生理性视错等。正确且熟练地掌握各种视错形式手法，有利于提高设计师的创作水平，在人物整体形象设计中应充分利用视错法则，"化错为美"，用服装塑造出更加完美的人体形象，给人以美的视觉享受。常见的视错包括分割视错、角度视错等。在分割视错中，服装常以横竖线条的风格形式来体现。线条的粗细变化、间距大小等都会使人的视觉产生不同的效果。通过对条纹的方向及颜色的调整，可以表现出不同的分割视错。角度视错是指当人们用眼睛观察某一物体时，因其斜向线条所形成的角度而产生的视觉错误。在服装设计中的表现为斜角缝线、省道、条纹或尖形装饰等。

（二）渐变法则

渐变是指某种状态或性质按照一定顺序逐渐产生的阶段性变化，它是一种递增或递减的变化。当这种变化按照一定的秩序形成一种协调感和统一感时，就会产生美感。渐变在日常生活中非常多见，它是一种符合自然规律的现象，如月亮的阴晴圆缺，动植物生命个体的由小变大等都是逐渐变化的过程。渐变法则运用在服装设计中的主要类型有三种。一种是整体廓形与主体结构的渐变。它们直接构成了服装的整体造型风格，是系列风貌设计的关键之处。如果廓形和主体结构发生了大变化，那么整个系列设计就会失去原定的特色，各种设计元素互相冲突，杂乱不堪。但这并不是说不能改动廓形和服装的结构，只是应在保持基本风格的前提下进行适当调整。二是构成部件的渐变，如领、袖、袋等部位的大小、位置、装饰的渐变，要注意避免改变过大，脱离原有风格的要求。三是细节部分的渐变。细节部分如褶裥、襻带、纽扣等大小、位置、装饰的渐变，这类渐变的程度受到主造型的限制，因而改动幅度不宜太大。

（三）仿生法则

仿生设计是以自然万物的某种特征为研究对象，通过运用服装设计中的相关原理、特征进行的一种设计。服装设计师以大自然中的某一种植物、动物等为灵感，通过效仿其外部造型进行设计。有的仿生设计用于服装整体形态，有的则用于服装局部。服装仿生设计的重心不在于造型上过分地追求与生物形态的相似，而是运用解构思维，将原型的基本构成元素加以拆分、打散，重构，从而形成全新的设计。

服装设计的主体对象是人，在外观造型上除了要考虑人体的基本特征与体型需求外，还要注意造型的多样性与艺术性，从造型的美学角度来综合考虑设计。仿生法则注重创造性思维的表达，即对自然物种的认识和再创造的过程。其目的并不是刻意追求仿生原型的逼真外形，而在于模仿其特征及韵味，结合服装和人体造型的特点，使其成为既有原型特征，又符合人体结构的服装造型。在服装造型的细节展示中，仿生法则得到广泛应用及体现的是袖型设计，例如马蹄袖、羊腿袖、蝙蝠袖等。因此，服装设计师应当开阔思路，从自然界中汲取灵感，运用仿生法则来丰富款式设计。

第三节　服装设计构思方法

设计的构思与表达是服装设计工作的重中之重，更是服装设计师能力提高的必经之路。下面主要介绍三种较为常见的服装设计构思方法，分别是常规服装设计法、反常规服装设计法以及借鉴整合服装设计法。

一、常规服装设计法

常规服装设计法一般是指以成熟、扎实、稳定的技术结构为基础，运用常规服装设计方法来进行服装设计的一种方法。常规服装设计法在服装生产业界中大量存在，设计师在工作过程运用的频率也是十分之高。

常规服装设计法是服装设计中的重要组成部分。运用常规服装设计法所设计出的服装产品是以满足人的基本功能需要为主要目的，也是为了使人们的穿衣品质得到提升，以达到物质需求与精神需求的双重满足，即通过对服装产品的不断完善与二次创造，使服装产品能更好地迎合人的需要，始终为人而服务，契合满足并解决人的各种衣着问题。

常规服装设计的考虑范围涉及人的生理需要、心理需要、精神需要、环境需要等多个方面，以大众审美准则为基点，力求迎合服装市场。

二、反常规服装设计法

反常规服装设计法即逆向思维服装设计法，是指在服装设计中进行大胆创新的一种思维方式，是在正向思维不能达到目的或不够理想时的一种尝试。

与常规服装设计相同，非常规服装设计的设计对象也同样是人们生活中的一切服装产品，包括一般成衣、高级成衣、职业装、礼服、家居服等。

常规服装设计往往是一种改良性的完善设计。非常规服装设计的着眼点是人与服装相关作用中的联系，这种联系在服装产生之时就已经被确定了，并被人们所接受。

评价一件服装作品的关键点之一就在于其是否具有创意，它决定着服装设计作品的"含金量"。富有创意的作品源于具有创造性思维的设计师，创造性思维是创造力的核心，是人类智慧的体现。创造性思维与一般传统思维的不同在于创造性思维不传统、不常规、不因循守旧、不囿于成见，能够打破传统与常规的条条框框，在别人认为不可能和没有注意到的地方有所发现、有所建树。正如法国雕塑大师罗丹所说："我们的生活中不是缺少美，而是缺少发现。"创造性思维常常表现为主动的、新颖的、超乎想象的和事半功倍等特性，而创造性思维的相当一部分来自逆向思维。

从服装发展史的角度来看，时装流行走向常常受到了逆向思维的影响。当装饰繁复的衣装和沉重庞大的假发等法国贵族样式盛行时，人们开始反思，把目光向田园式的装束及朴素、机能化方向推移。当巴黎的妇女们穿惯了紧身胸衣、笨重的裙撑和厚重的臀垫时，人们开始从造型简练、朴素、宽松中体验一种清新的境界。现代设计师也往往运用逆向思维的方法进行艺术创作，如毛衣上故意做出破洞、剪几个缺口，衣服毛茬暴露着或有意保留粗糙的缝纫针脚、露出衬布保留着半成品的感觉，重新调整袖窿的位置，把人体的轮廓倒置，把一些完全异质的东西组合在一起，又如将极薄的纱质面料和毛毯质地的材质拼接起来，将运动型的口袋和优雅的礼服搭配在一起等，这些都是时下的摩登样式。这种服装潮流在与传统风格较量中逐渐被人们所认识和接受，流行于大街小巷。人们从中感受到了反常规服装设计的魅力。

服装设计师应当通过以下几个方面进行逆向思维的培养。

⟨1. 培养创新精神

逆向思维是超越常规的思维之一，主张艺术表现主观感受和激情，采取夸张、变形等生动活泼的艺术手法。它通常造型夸张，色彩大胆奔放，面料鲜明奇特。青年人思想活跃，想象力丰富，对于一些新事物特别敏感，有一些不同凡响的见解，逆反心理特别强烈，在设计上处于旺盛时期，在学习阶段有着探索求知的欲望。

2. 积累实战经验

一名初出茅庐的服装设计师在经历过种种服装设计大赛后，其逆向思维的能力会得到培养与提升，也就可能设计出具有耳目一新视觉感的优秀服装作品。例如"汉帛杯"之类的服装设计大赛，若只是按照常规思维去思考，很难达到理想效果，而开拓设计思维空间，则能够设计出具有创造性的作品。当下众多服装设计大赛要求审美性与功能性要结合，将逆向思维或创造性思维运用于实践，为社会生活服务。服装设计师应通过自己的努力、大胆的构思与尝试、注意积累灵感素材、时刻关注时尚资讯等，认真赏析国内外设计大师的优秀作品，积极参与服装博览会等社会实践，激发潜在的设计能力，提高眼界，拓宽创作设计思路。

3. 无须刻意追求

很多流行元素都是由偶然因素促成的。世间的任何事物都非完美无瑕的，设计师要在事物不断发展的过程中细心观察，不受常规思维的约束，拓宽设计思路，寻找最佳设计效果，只有这样逆向思维才会随之而来，新奇风格服装才会自然产生。

在服装设计中偏离正向思维，另类设计及反其道而行之的设计思路，均应概括为逆向思维设计。总之，逆向思维作为思维的一种形式，与服装设计紧紧相连，使人们用不同的思路相互启发、促进，是创造性人才必备的思维品质。在服装设计中，应充分认识逆向思维的作用，有意识地加强逆向思维能力的训练，不仅能进一步完善知识结构、开阔思路，而且能充分释放出创造精神，提升学习能力。

除此之外，服装设计中的逆向思维还具有以下几个特征。

1. 逆向思维的普遍性

逆向思维在各种领域、各种活动中都有适用性。由于对立统一规律是普遍适用的，而对立统一的形式又是多种多样的，有一种对立统一的形式，相应地就有一种逆向思维的角度。因此，逆向思维也有无限多种形式。如性质上对立两极的转换：软与硬、高与低等；结构与位置上的互换、颠倒；上与下、左与右的角度协调等。无论哪种方式，只要从一个方面想到与之对立的另一方面，都属于逆向思维的范畴。

2. 逆向思维的批判性

逆向思维是与正向思维相对而言的。正向思维通常是指常规的、常识的、公认的或习惯的想法与做法。而逆向思维恰恰相反，是对传统、惯例、常识的反叛，是对常规的挑战。它能够克服思维定势，破除由经验和习惯造成的僵化认识模式。

3. 逆向思维的新颖性

循规蹈矩的思维和按传统方式解决问题虽然简单，但容易使思路僵化、刻板，摆脱不掉习惯的束缚，得到的往往是一些司空见惯的答案。其实，任何事物都具有多方面属性。由于设计师易于受过去经验的影响，因而通常只看到其熟悉的一面，对另一面却视而不见。而逆向思维恰恰能克服这一障碍，结果往往会是出人意料的，会给人以耳目一新的感觉。

三、借鉴整合服装设计法

借鉴整合服装设计法是指根据类比原理，将其他艺术领域的素材进行脱胎变形，从而移植于服装的一种设计方法。从古今中外的建筑、雕塑、绘画、工艺美术、音乐、舞蹈、戏剧和影视作品中，借鉴整合其丰富、独特的视觉形象，并实现其功能、材质、工艺等诸多方面的设计转化，赋予服装以艺术感染力和抒情性。如由著名服装设计大师伊夫·圣·罗兰所设计的蒙德里安连衣裙、皮尔·卡丹的翘肩时装（见图 3-6）等。

图 3-6　皮尔·卡丹与翘肩时装

任何来自物质世界与精神世界的题材，都可以成为借鉴服装设计的主题。有些服装设计的主题是沿着民族文化、历史长河来探寻某种传统形式，如传统的绘画和雕塑、民间风俗的工艺品、传统的刺绣、拼贴等。而来自人类精神世界的题材，如民族文化差别等又导致了某些服装必须遵照严格的形式，因此借鉴设计要充分考虑不同民族之间的精神文化差异。

其中，东西方两大文明催生出不同的思维方式和不同的文化特征，这些不同因素均构成了各自的文化结构，从而形成了东西方服饰文化的巨大差异。如中国传统服饰是以政治、伦理、经济为中心的多重价值的集合体现，提倡遵礼以仪、崇圣敬天，注重精神境界的修养。在等级规范道路上演进的中国传统服饰以遮掩人体为目的，在西方人看来具备了一种抽象神秘的概念。

在生活方式借鉴设计方面，更多设计的表现是把不同的想法结合到一起，甚至是设计了一种全新的"生活方式"，最终产生令人耳目一新的效果。虽然无法归类，但是现如今高度个性化的着装风格与二战以后曾经整齐划一的着装风格形成了极大的反差。

事实上，服装设计就是敢为人先地创造与发明，大胆设计、大胆改造，大胆使用新工艺、新材料、新科技的全过程。服装设计的构思阶段，实际上是在头脑中进行样式的选择。设计是一种创造，但不是发明，前无古人、后无来者的设计是不存在的。因此，设计就必须要借鉴前人，服装设计更是如此，因为服装的变迁过程是连续的、不间断的。每一种服装都处于人类服装文化史的变迁途中，都是承前启后的。要借鉴前人，就必须虚心地学习和研究前人的成就和经验。

就服装设计来讲，首先必须学习的是服装史，因为要想在设计中准确地把握现在的流行，就必须了解服装过去的变迁过程，掌握变迁规律。要想在设计中超越前人，就必须先学习前人的历史经验和传统技巧。不仅要学习中国服装史，而且还要学习西方的服装史，以及世界各地现存的民族服装。只有这样，在吸收、借鉴、面对形形色色的国际流行时，才会有自己的见解和主张，而不是盲目地照搬和抄袭。

另外，借鉴还要注意广度，除了古今中外的服装文化外，其他领域也要尽量去涉猎与学习。因为服装是一种综合性的文化现象，涉及社会科学和自然科学的各个领域。设计师的工作内容又是复合型的，既要能把握当时当地的历史潮流和市场变化，又要对自己和竞争对手的实力了如指掌，还要有能力和实力组织生产，实现自己的设计意图，为企业带来利润。因此，设计师要有广博的修养和丰富的经历，要热爱生活，要有强烈的好奇心。这样在设计构思时，才能广开思路。只有"站在巨人的肩膀上"，才能设计出高于前人的作品，这就是借鉴的重要性。服装设计中的创新需要考虑到人与时代、人与社会、人与人、人与自然、人与服装、服装与服装、服装与配饰等之间的统一协调关系。因此，服装设计的创新应建立在相应的继承与借鉴之上。

知识拓展

时装帝王皮尔·卡丹眼中的中国女孩

皮尔·卡丹是第一位来到中国的欧洲设计师，也是第一位在中国举办服装展示会的世界级大师。

1979 年，皮尔·卡丹在中国举办了第一场服装展示会，这是中国有史以来第一个国外品牌的时装展示会。当时，中国的大街小巷，到处飘动着军绿色，来中国推销时装、举办展示会并非易事，但是，皮尔·卡丹做到了。

第二次来到中国时，皮尔·卡丹把不少他珍藏的时装精品也一并带了来。当时，中国服装联合会负责接待他。皮尔·卡丹表示，他想找个中国女孩为模特，试穿一下自己的"宝贝"。他一眼相中了办公室里一位迷人的秘书小姐，于是请她代为试穿。秘书小姐有些犹豫，因为那些时装固然漂亮，但从尺码上看似乎并不适合她的身材。皮尔·卡丹这次带来的衣服尺码确实不大，因为第一次来中国旅游时，中国女孩给皮尔·卡丹的感觉是身材普遍娇小，眼前的秘书小姐虽然个头不高，但身形却比较胖。面对从未见过的漂亮时装，秘书小姐在试与不试之间挣扎，皮尔·卡丹仿佛看穿了女孩的心思，在一旁鼓励她说，没关系，试试吧，不用担心把衣服弄坏。即使服装不合适，我也可以在一天之内把它们修改好。在卡丹不断的鼓励下，秘书小姐终于点头同意了。

当秘书小姐将外衣脱下来的时候，卡丹惊呆了。原来，女秘书的身材非但并不臃肿、肥胖，相反，她非常娇小苗条，只不过她那天一共穿了薄厚不一的八件衣服，把她性感的身材层层包裹了起来。一旦脱下这些臃肿的服装，大家就会发现，她的身材纤细而玲珑。当秘书小姐换上卡丹带来的服装走出来时，仿佛丑小鸭变成了白天鹅，所有人都被她的美丽惊呆了，就连女秘书也对自己的蜕变惊讶不已。

这一次，人们领略了时装的魅力，领略到皮尔·卡丹服装给人带来的巨大变化。毫无疑问，女秘书的试装成为卡丹最直接的广告，甚至已经深深地印在在场每个人的内心深处。此后，为了实现在中国建立工厂的愿望，皮尔·卡丹在北京地区进行了调研，还参观了一些纺织厂、丝绸加工厂。很快，皮尔·卡丹的名望和实力为他在中国开拓市场吸引来了合作伙伴，在他们的帮助下，皮尔·卡丹终于将世界流行时尚融入了中国社会。

在和中国各界人士接触的过程中，皮尔·卡丹始终感觉到，中国人不仅通情达理，而且有接受新鲜事物的强烈愿望，也非常愿意发展、扩大中国的服装进出口业务。了解到这一点，皮尔·卡丹给中国支了一招，那就是，让中国的模特走向国际舞台。

皮尔·卡丹和中国有关方面的官员一起选拔了一些身材修长高挑、颇具模特潜质的中国女孩，稍加培训，她们走起"猫步"来就已经有模有样。皮尔·卡丹又把女孩们带到巴黎，进行了更专业的模特培训。当她们走上巴黎的 T 台时，一张张东方面孔让全场为之惊叹。这次表演一炮打响，不仅媒体争相报道，而且整个世界都开始关注中国的模特，关注从中国走出来的时尚代言人们。

后来，皮尔·卡丹又带领这支模特队回到北京，在北京推出了时装秀。那些在北京的外国观众尤为吃惊，他们怎么也想不明白，皮尔·卡丹究竟用了什么方法，能让保守的中国人抛弃原有陈旧的衣着；而中国的年轻人也被眼前这些穿着"奇装异服"的模特惊呆了，在他们的头脑中，第一次产生了对时尚的认识和追求。

（摘自代安荣编著《顶级裁缝皮尔·卡丹》吉林出版集团有限责任公司）

思考与练习

1. 服装设计中的形式美与内在美有哪些？
2. 举例说明审美法则在服装设计中的运用。
3. 举例说明反常规服装设计法在生活中的实际运用。

第四章
服装设计风格与款式廓形

服装设计风格多种多样，不同的风格有着不同的特征，主要有休闲风格、职业风格、优雅风格、童趣风格、中性风格、民族风格等。基于这些不同的风格，设计师需要严格把控其风格特点，并进行系统性与全面性的设计。在款式廓形方面，字母型、几何型、物象型、仿生型是最为常见的四种廓形设计，是服装设计师汲取灵感的重要途径。

第一节　服装设计风格的分类与特征

风格指艺术作品所呈现出的代表性面貌。它不同于一般的艺术特色，通常有着无限的丰富性。从某种意义上来说，服装设计风格是来源于多元化的艺术风格，具有不同的艺术特征。对服装设计师而言，它是设计师在创作过程中基于对设计主题的充分理解，而后逐渐形成的一种设计个性。一方面形象且准确地对客观事物进行了艺术描摹，另一方面是在长期创作过程中形成的个人设计风格。服装设计风格的种类很多，从服装款式造型的角度可分为休闲风格、职业风格、优雅风格、童趣风格、中性风格、民族风格等。

一、休闲风格

休闲风格与运动风格较为相似，具有轻松舒适的风格特征，是不同年龄层人群在日常生活中的必备选择。休闲风格服装并无太明显的指向性，时常运用点、线、面等设计手法，通常以三者多重交叠的形式展现，如文字图案、动植物图案、缝迹线装饰等，以此来凸显休闲风格服装的层次感。休闲风格服装多以天然纤维的棉、麻织物等为主，通过不同肌理效果的多元化运用来体现休闲风格的多变性。在款式细节方面，连帽款式、个性化的领部、袖部造型等都是休闲风格服装的设计亮点。此外，拉链、门襟、口袋、纽扣的设计变化也丰富多样，如在帽边、领边、下摆等处运用锦纶搭扣、商标、罗纹、抽绳等款式细节。休闲风格服装的代表品牌较多，如森马、美特斯·邦威、优衣库等。

休闲风格反映人们希望从现代工业文明所带来的工业污染、环境破坏和紧张而快节奏的城市生活中解脱出来的心理，在穿着与视觉上追求轻松随意、舒适自然，使着装者感觉回归自然，多使用自然元素，款式简单，搭配自由，色彩柔和，具有单纯、质朴、亲切的美感。

（一）风格总体印象

休闲风格的总体印象多为自然、亲切、随和、朴实、平凡。一般来说，休闲服饰反映了人类生活中的多样性，可以综合地反映出一个人的精神面貌。休闲风格服装区别于正装与运动装，自成一体，其范围同样广泛，但基础的款式如 T 恤（图 4-1）、休闲衬衣、牛仔裤（图 4-2）、卫衣（图 4-3）等历来经久不衰。具体款式的大类、色调与风格亦会随服装品牌的文化与方向而略有改变。常规休闲风格服装又可以细分为东方古典风格、较为现代的"日韩风"与"欧美风"等，按应用场景可分为较为正式的宴会服饰和随性的居家服饰等。休闲风格服装的迅速崛起并备受消费者的青睐，在于它强调了对人及其生活的关心，以及参与人们改造现代生活方式，使他们在部分场合和时间里，摆脱来自工作和生活等方面的重重压力。休闲并非是另一种生活方式，而是人们对久违了的纯朴自然之风的向往。在现代生活中，服装的舒适性越来越受到广泛重视，而适用于运动的便装及运动服日益受到人们的喜爱，越来越成为现代都市生活的衣装。

图 4-1　T 恤

图 4-2　牛仔裤

图 4-3　卫衣

（二）服装基本特征

从款式上看，休闲风格服装款式弧线型比较多，没有太多装饰，轮廓简单，"面"感较强，结构比较简洁。从面料上看，以天然材料为主，如棉、麻等（图 4-4）。从色彩上看，既不是过于艳丽的色彩风格，也不是过于暗淡凝重的，而是常使用以饱和度中度偏低的色彩（图 4-5）。从图案上看，休闲风格服装装饰图案较少，可以搭配使用格子和条纹，或是小型花卉图案。从配饰上看，鞋子、包等形状比较规范，样式比较常规，装饰成分较少，质地柔软，不适合精致小巧的首饰，可简单戴一两件自然题材的饰品。

二、职业风格

现如今时代在飞速向前发展，良好的企业形象能为企业加分不少，企业形象也被越来越多的人所重视。许多公司都要求员工上班必须身着职业装（图 4-6）。职业装是指专为特定职业场合设计的服装，具备专业、规范的外观和机能性特色。它依据职业特性定制形态和着装要求，融合材质、色彩及附属品，既彰显穿着者的职业身份，又展现行业风貌。

设计职业装时应考虑职业活动方便，充分研究、考察从业人员的各种动作使职业装能适应职业活动，还要考虑到外观上的美观。职业装的设计总体上要符合安全、适用、美观、经济的基本原则，可概括为针对性、经济性、审美性这三个方面。

图 4-4　以天然材料为主　　图 4-5　以中低饱和度色彩为主　　图 4-6　现代职业装

（一）职业装设计风格概述

在发达国家，职业装发展迅猛，其面貌已逐渐呈现出从大服装体系中分离出来而成为相对独立的"Uniform"服装分系统。并且，职业装系统越来越表现出其自身的独特性、规律性等，以及有别于其他服装大类的研究、开发、设计、生产、销售、使用等方面的服装价值体系和理论研究体系。目前世界上已经有专门的研究机构、院校系科、博览会（如德国科隆）、设计中心[如日本制服中心（NUC）]和专门店、专门公司等从事职业装的设计、研究、开发等。

在美国及英语国家，uniform 一词可以解释为职业装。uni 是一种、统一的意思，form 是形的意思，uniform 的意思就是"一致的形"并演绎为统一的服装和制服。职业装广泛应用于各行各业，适用于商务会议、正式工作场所、商务旅行等正式场合。它体现了穿着者的专业形象和行业特点，有助于提升工作效率和形象展示，是职业人士不可或缺的重要装备。

在中国，现代职业装的出现和被使用的时间并不算太久。从近代开始，外来的思想和物质在很大程度上改变了中国人的着装观念和方式，如从事什么类型的工作就应该穿着与之相符合的职业装，这就是现代职业装的基本理念。但这不能说明中国没有"职业装"的历史和观念，如中国古代的军队服装和各朝代的官服就是标准的"职业装"。

（二）职业装设计风格要素概述

相较于生活装，职业装具有较强的实用性。从服装的精神角度来看，职业装必须有利于树立和加强从业人员的职业道德规范，培养敬业爱岗的精神。当身着职业装时，穿着者内心会涌现出一种专业与庄重之感。它不仅是对个人形象的塑造，更是对职业精神的彰显。它让穿着者以更加严谨、自信的态度面对工作，实现个人与职业的和谐统一。不同的工作环境下需要不同功能的职业装，因此，设计师在设计制作时应有诸多具体功能性的要求和制约。在职业装面料的选择方面，为了满足产业工作的性质，要综合考虑材料的物理性能、生物性能、质感、加工性能等。

职业装款式设计应以工作特征为依据，以结构合理、色彩适宜的设计理念为主，款式要受到特定的工作环境的制约。在制作加工方面，应当裁剪准确，缝纫牢固，规格号型齐全，整烫定型平整，包装精致良好。经济、耐用是体现职业装实用性的重要特点之一。从某种意义上来讲，设计师在设计职业装时，需要以商业的角度去思考设计，甚至必须对其成本核算斤斤计较，其中价廉物美是大部分职业装的特点之一。无论是一粒纽扣、一根缎带、一个徽章企标等，都需要设计师进行全方位地缜密设计。从客户方来讲，定制职业装的费用是要事先预算的，而从设计制作方来讲，也不可能像过季的时装那样大幅打折，必须保证其基本的利润下限。因此，在保证质量要求的前提下，应尽可能地价格合理，一衣多穿，减少使用企业与服装企业本身的负担与成本。

从艺术性的角度来看，职业装设计的艺术性也存在着众多感性因素，不仅是构成服装艺术美的造型，更是色彩、面料、工艺、流行等方面的综合考虑，职业装设计师需要通盘考察，研究着装的对象、场合、目的、职业性、心理、生理等方面的需求，从而提出职业装设计方案。职业装除了具有美化个人形象，表现穿着者的个性与气质的功能外，其艺术性还在于传达行业及企业的形象。职业装与工作环境、服务质量一起构成企业的整体形象。这种具有整体美的企业形象对提高企业的知名度、促进销售、增强企业的凝聚力都起到十分关键的作用。

职业装设计的艺术性对于个人与企业形象都是同等重要的。在人们的日常生活中，除去睡眠时间，余下的时间有二分之一或者更多都是在工作中度过的，并且在各类人际交往活动中，职业装作为首要视觉元素，其艺术美感在会议、谈判、接待等社交场合得以充分展现，正是通过款式、色彩等形式美因素的精妙运用，才彰显了职业装的艺术魅力。

（三）职业装的标识性特点

职业装的标识性特点主要突显在两个方面：一是社会角色与特定身份的标志；二是不同行业、不同岗位之间的区别。前者如象征和平的绿色邮递员装、硕士的学位服、法官和律师的法庭着装及各式军装等。在现今酒店制服中标志性最强的服饰应首推18世纪法国人安托万发明创造的"高筒白帽"，这是国际上公认的厨师职业服标志。后者如航空制服与铁路运输行业制服之间的差别，航空制服中地勤与机组人员的制服不同，商场的楼面经理与导购小姐的服装不同，这些都极易让顾客明了各自的身份。在繁忙的超市、餐厅顾客可以根据服务员的特定装饰轻易地寻求帮助，交通公路上的交警（图4-7）、应急维修人员的反光背心，低龄学生校服上的反光条纹等都增加了服装的易识别性和安全性。

综上所述，职业装具备显著的标识性

图4-7　交通警察制服背心

作用，能够有效塑造行业与角色的专业形象，彰显企业理念与精神。其标识性不仅利于公众监督与内部管理，还能提升企业的竞争力。此外，职业装所蕴含的精神性特质，亦可反映穿着者的社会经济地位、工作环境、文化修养及性别特征等差异。

（四）职业装的色彩设计

职业装的色彩设计是一项既具艺术性又具实用性的工作。它需综合考虑企业形象、职业特点以及工作环境等多方面因素，以形成既符合职业要求又能彰显个人魅力的色彩搭配。在设计中，色彩的选择应体现出专业性和稳重感，如深色调常用于打造专业形象，传递信任和自信；而明亮色彩则能展现创意与活力。以金融行业为例，其职业装色彩设计以深蓝色调为主，传递出稳重、可靠的形象，符合金融行业的严谨与信任特质。同时，辅以灰色或白色的细节点缀，营造出整体色彩的和谐统一，展现出企业的高效与专业。此外，色彩的搭配还需注重和谐与统一，避免过于突兀或杂乱无章。通过巧妙的色彩运用，职业装不仅能在视觉上给人留下深刻印象，更能有效传达出穿着者的职业精神与专业素养，从而在职场中树立良好的个人形象。

（五）职业装的搭配

依据职业特点，应搭配不同风格的装束，例如律师、国家机关领导等职业的特点是严谨、理性，所以服装风格应是正式、保守、干练（图4-8）。款式上以西装套装为主，裙子不宜过短或过长，及膝的中长直筒裙比较适合；宽松的西服套装既干练又带有中性气质，内搭可搭配简洁的衬衫或套头衫。秋冬季可在套装外加一件经典款的风衣或者大衣，公文包应选用简洁方正的款式。

职业女性需要出入不同场合，应根据场合改变服装搭配。在办公室里可以用白衬衫搭配马甲的方式，但与客户会面时，可以再加一件西装外套。职业风格整体呈现简洁大气的风格形象，服装搭配上尽量不要过分浓艳或花哨（图4-9）。其他职业可依据其严肃性和理性程度的不同，加入不同比例的装饰元素，如图案、有肌理的面料、花边饰品等，但注意元素不宜过多。

图4-8 职业装风格 　　图4-9 职业装风格
（男装）　　　　　　（女装）

三、优雅风格

优雅风格在女性服装品类较为常见，它是一种强调精致细节，凸显高贵气质的服装风格（图4-10）。其外观品质较为雍容华丽，款式廓形通常以S形为主，展现女性身材曲线与内敛优雅的成熟魅力。在服装款式设计构思方面，优雅风格服装通常不受形式限制，如连接式、点缀式等设计样式。一般采用较为规整的造型、分割线或少量装饰线进行设计，其中装饰线的表现形式多为线迹，或是工艺线、花边、珠绣等优雅风格。色彩选择十分广泛，主要以华美的古典色系为主。

面料方面大多采用如绸缎、蕾丝、天鹅绒等高档品类。优雅风格服装领部造型多以翻领为主，廓形较为修身，分割线大多采用较为规则的公主线、腰节线等。优雅风格的主要服装品牌有纪梵希、普拉达等。

优雅风格的服装强调精致感，外观与品质华丽，衣身合体，造型简洁，是女性追求高雅的首选格调。例如香奈儿女装线条流畅，款式简洁，质料舒适，娴美优雅，塑造了女性的高贵形象（图4-11）。

图4-10 优雅风格女装　　图4-11 香奈儿女装

（一）造型和款式特点

优雅风格服装主要造型以A型和X型为主，总体设计强调廓形对比效果，凸显女性曲线之优雅魅力，展现鲜明对比美学，呈现灵动飘逸、轻盈曼妙之风格（图4-12）。优雅风格女装造型除了A型和X型外，还有T型以及一些不定型的外轮廓形，增添一些随意的效果，使外观效果添加更多的现代感和时代感。

优雅风格女装在款式上强调结构，公主线成为关注重点，通过裁片的分割产生曲线美感。还有修饰胸部的分割线，以达到完美呈现女性体态的目的（图4-13）。上装款式注重领、袖的款式结构，腰线设置合乎人体结构。裙身较长，以盖住脚踝居多，裙摆处装饰复杂。新时期优雅风格裙装减小领裙长，可以露出脚踝，看到精致的丝袜和精巧女鞋，使穿着者更具活力。

图4-12 X型女装款式　　图4-13 A型女装款式

（二）色彩和材质特点

优雅风格女装的色彩设计注重柔和、安宁、高雅与和谐的特质，高明度低纯度的高级灰色在优雅风格服装中尤为常见。此类色彩设计具有较低的对比度，既保持低调内敛，又蕴含着积极向上的希望感，如纯净无瑕的白色、低调内敛的灰色、温婉细腻的浅粉色、静谧雅致的淡蓝色等，均为体现优雅风格服饰之经典选择。

优雅风格女装面料常用丝绸、丝绒，衣裙还常用缎带和绢花装饰。优雅风格女装除了常规面料外，更突出使用包括化纤、绸缎等具有现代理念的材质。

（三）优雅风格表现

意大利设计大师瓦伦蒂诺·加拉瓦尼（Valentino Garavani）的设计呈典型的优雅浪漫风格，他将优雅高贵风格淋漓尽致展示给喜爱他作品的观众。作品采用端庄优雅的黑色薄纱作为主体面料，廓形上采用 A 字造型，收腰，群摆较大，裙长至脚踝，将身材勾勒得丰满匀称。在细节上，以厚度不一的薄纱绞绕覆在领、胸、腰、下摆，从胸前开始向两侧飘然展开，轻盈灵动，美不胜收（图 4-14）。

黎巴嫩裔设计师艾莉·萨博（Elie Saab）擅长运用轻薄面料，其晚装大量选用丝绸闪缎、带有独特花纹的雪纺纱、有质感的高级面料等，以斜裁、褶皱等手法产生优雅华美的效果。Elie Saab 的晚装设计常采用收腰的 A 型结构，追求性感飘逸的女性美感。高腰线的运用使下半身显得格外修长（图 4-15），这是 Elie Saab 标志性的设计语言。裙摆以雪纺闪缎层叠构筑产生不规则的线条，使视觉充满领张力和层次感。

图 4-14　2024 年华伦天奴
秋冬系列

图 4-15　2022 年艾莉·萨博
秋冬系列

四、童趣风格

作为年轻消费者最喜爱的服装风格之一，童趣风格的服装总是充满可爱搞怪的青春气息，一直是引领流行的潮流风向标之一。童趣风格服装在廓形设计方面常以个性、夸张的造型出现，如通过夸张整体廓形或局部细节等来彰显可爱特质，或是运用不同类型的造型结构线进行视觉分割，如超高腰、超低腰、后开襟、泡泡袖、灯笼袖、荷叶袖等设计。意大利服装品牌莫斯奇诺（MOSCHINO）是趣味风格服装的代表设计师之一（图4-16）。

图4-16　2022年莫斯奇诺春夏系列

（一）风格解析

童趣风格的特点是俏皮活波，富有强烈的趣味元素，设计不按常理出牌，色彩丰富，有梦幻的、童真的感觉（图4-17）。穿上后具有夸张的视觉效果，在图形的运用上体现出艺术感，服装不仅仅是穿着物，更是艺术的载体。童趣风格服装呈现出丰富的结构和廓形，大多廓形简单，根据设计师的总体构想强调不同的部位。款式设计注重装饰，强调细节，设计师经常在一些装饰细节上体现童趣设计理念。

童趣风格强调视觉上的冲击，用色强烈，装饰新奇，高纯度的色彩运用较多，如粉红、宝蓝、明黄、紫罗兰等，视觉效果明亮、活泼（图4-18）。设计师还会将一些充满童趣风格的图案应用到设计中。童趣风格配饰造型夸张可爱，如电话形状的手提袋、药丸做成的项链、蜻蜓形的围巾、动物形纽扣等。

图 4-17　富有强烈趣味　　　　图 4-18　运用高纯度
元素的服装　　　　　　　　色彩的服装

（二）童趣风格服饰代表性设计师

让·夏尔·德·卡斯泰尔巴雅克（Jean-Charles de Castelbajac）是一位来自法国的杰出设计师。他的作品大胆创新，不拘一格，常运用原色调，呈现出纯净而充满活力的视觉效果（图4-19）。在细节处理上，他巧妙地运用富有激情的印花图案，以及充满童趣和幽默感的元素，使得每一件作品都仿佛承载着一段美好的童年回忆。卡斯泰尔巴雅克的设计不仅是对服装形式的探索，更是对童真、童趣精神的深度诠释。他通过服装这一载体，将童真的情怀、幽默的气质以及超乎现实的想象展现得淋漓尽致，引领观众进入一个充满奇幻与想象的世界。这种超越现实的设计理念，不仅为时尚界注入了新的活力，也为我们提供了一种全新的审美体验。

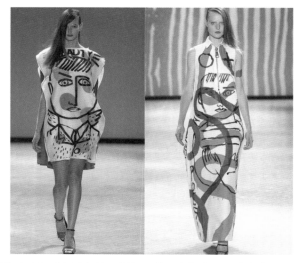

图 4-19　2014 年让·夏尔·德·卡斯泰尔巴雅克春夏系列

五、中性风格

当下，随着人们经济生活水平的不断提升，大众审美标准也在不断地发生着变化。当性别不再是衡量服装美的唯一标准时，中性风格服装则成为众多服装风格中一道独特且亮丽的风景线。近年来，男装女性化与女装男性化掀起了时尚圈的一股热潮，多数女装通过以直线、斜线等分割剪裁形式来彰显干练的男性化特征（图4-20）；男装则以曲线、修身等款式造型凸显感性、细腻的一面（图4-21）。在廓形方面，中性风格服装通常以H型为主。色彩方面，色彩明度相对较低，如不同色阶的黑、白、灰等色调是使用较多的色彩。面料选择方面较为广泛，但一般不会选用性别特质较为明显的面料。

中性风作为一种时尚潮流，体现了对性别刻板印象的解构与超越。它超越了传统意义上男女性服饰的界限，追求在服饰设计上实现性别特质的平衡与融合。中性风格强调简约、干练、实用的设计理念，摒弃过于烦琐或强调性别特征的装饰元素，注重服装的舒适度和自我表达的自由性。这种风格的兴起，不仅是对传统性别角色的挑战，也是现代人对个体独特性和多元化审美的追求，反映了社会文化的进步与开放。

图4-20　女装男性化　　　　图4-21　男装女性化

（一）中性风格女装设计解析

总体上，中性风格女装造型介于男装与女装之间，以直线为主，即便考虑女性体型曲线也以相对强硬的线条处理，而不具有柔软的曲线效果，所以整体造型以自然形为主。

中性风格女装不同于传统女装，它冲破了固有的女装设计思维，超越性别的范畴，融合了男装和女装的特点，借鉴了诸多男装的设计特点，主要是西装、风衣、马甲、裤装等款式，但并非是男装的翻版，而是在设计中融入男装的款式细节，创造出有别于传统女装的穿着效果（图

4-22）。中性风格女装在版型上结合了男装结构造型，在成衣尺寸上稍放大，将男装自然简约的线条融入其中。

中性风格女装以黑色系为主，结合灰色、白色以及纯度低、明度低的各类色系的搭配点缀，产生丰富的层次感觉。21世纪随着运动概念在中性风格女装的渗透，各类金属色和其他明亮色也纷纷加入，中性感觉趋于活跃生动。

中性风格女装选用材质注重质料表面肌理和硬挺程度。质地厚实、有质感的棉质面料是中性风格的主要面料之一，用其制成的衬衫带有帅气感。各类精纺斜纹毛料和混纺织物适合制成西装式款型（图4-23）。表面粗糙的粗纺软呢因朴素厚实的质感和布面纵横的纹理，在不经意渐渲染出一种属于男性的沧桑感。丝绒虽然柔软，但散发着一股贵族气息，配上男装款型能流露出中性感。

图4-22　具有男性夹克风格的　　图4-23　具有男性西装风格的
　　　　女装造型　　　　　　　　　　　女装造型

（二）中性风格女装代表性设计师

日本设计师山本耀司的作品以男装女穿的中性理念为基石，巧妙地将男装设计理念融入女装创作，展现出女性独特而帅气的摩登优雅。其作品摒弃奢华材质与艳丽色彩，注重剪裁的随性与个人标志性的超大风格手法。通过简洁的剪裁构建出宏大的廓形，深刻诠释了设计师对时尚、低调、华丽与离奇、高调、前卫的个性化解读。其服装以中性色调黑、白、灰为主，结合款式与细节，共同构成山本耀司所倡导的中性美学表达。

同样来自日本，川久保玲始终不以她的名字来挂牌，而以一贯的Comme Des Garcons（法文的意思是"像个男孩"）作为品牌的唯一称号，刚好说明她设计风格所呈现的中性色彩。川久保玲的服装完全打破传统服装中规中矩的限制，整体的线条不再以人体为架构，而是呈现建筑或雕刻式，用布料塑造突起块状的立体感。服装不再拘泥于功能性，更侧重表现艺术感受（图

4-24）。

比利时设计师安·迪穆拉米斯特（Ann Demeulemeester）擅长中性风格的塑造，她的设计具有实验性质，常以大块不同质感的黑色为主，融合了前卫、街头等多种成分。她对黑色情有独钟，每季作品均以深黑色占据大部分。设计师通过黑色调营造出中性感，给人以神秘感和摄人力（图4-25）。她将中性风格、朋克风格、解构风格结合于一体，她对自己的设计解释为"我并不是想尝试使一个女性看上去像男子，我仅仅认为女人具有男性元素，因此我很正常地使用男性元素。"她的设计常用具有冲突性的元素互相混搭，以实验性的思考对时装进行重新构建，如对面料进行二次设计，通过撕裂、磨旧等手法创造出新的时尚感。

图4-24　2023年川久保玲秋冬系列

图4-25　2022年安·迪穆拉米斯特春夏系列

六、民族风格

世界上的许多民族都有自己独特的艺术风格，它体现在音乐、舞蹈、绘画、服饰等多种艺术领域里。服装的民族风格是指生活在不同国家、地区的民族，在长期历史过程中，逐渐形成的具有本民族特点的服饰形式。这种服饰形式具有浓郁的地方特色和民族特点。设计师所处的民族文化特征在创作中或多或少地体现出来，从而形成带有民族特色的服饰风格。

如今很多服装设计师与服装品牌都以民族服饰为灵感，取其精华与象征性，结合现代的审美观和功用性，使服装设计体现出了一种新的民族风格（图4-26）。国外品牌如路易威登，国内品牌如东北虎、梁子等，都曾经在服装中使用民族元素。根据时代的审美需求，服装设计师把民族服装的特色与现代设计糅合在一起，是对民族风格的发扬与创新。这种民族风格的服装在每次兴起、流行、衰落的回旋中，都注入了新的时代内容和时代风貌。

图 4-26　民族风格服装

（一）风格解析

民族风格服装是设计师将传统风格与现代风格进行有机结合而呈现出的一种设计风格。设计师通常会借鉴某一民族服饰中的款式细节、色彩、面料、工艺、装饰等方面的元素。在汲取民族元素的同时，吸纳新时代精神理念，运用流行元素、新型面料或工艺加以设计，以全新的样貌凸显民族风格服饰韵味。在民族风格服装类别中，汉服风（图 4-27）、和服风、波希米亚风（图 4-28）、吉卜赛风等都是以传统民族服饰为设计样本，通过一定形式的借鉴与变化彰显民族风服装款式变化。民族风格服装一般会参照不同民族类别的服装特点选用不同的造型元素，如汉服风服装款式较为宽松，较少运用分割线设计，主要以多层重叠为设计亮点，采用如中式立领、旗袍领、方领等局部设计，展现别具一格的民族风格之美，或是以喇叭袖、灯笼袖、中式对襟、斜襟、无门襟套头衫、袖口开衩、暗袋、流苏、刺绣、盘扣、镶嵌绲边等工艺加以装饰。

图 4-27　汉服风服装

图 4-28　波希米亚风服装

（二）设计构思途径

民族风格服装的设计构思可以从两方面着手：一是以传统民族服装原有的款式、图腾、色彩、面料、制作工艺为蓝本，提取部分元素直接运用于现代的服装创作上；二是以民俗风作为设计灵感。民族风格服装的灵感主要源于深厚的民族文化与历史传统。设计师从民族服饰的图案、色彩、面料及工艺中汲取养分，融合现代审美与技艺，创作出既具传统韵味又符合当代潮流的作品，展现出民族文化的独特魅力与生生不息的活力。

民族风格服装大多衣身宽松、层数重叠，并且经常左右片不对称，较少使用分割线，服装外形较为整体，廓形曲线极具美感（图4-29）。例如，在我国传统民族服饰中多采用立领、交领等设计细节，门襟常以对襟、斜襟或交襟居多；袋型为暗袋或者无袋设计；在装饰上常采用流苏、刺绣、缎带、珠片、盘扣、补子等传统的典型装饰品来突出民族服装风格（图4-30）。

图4-29 不对称设计的服装 图4-30 民族刺绣装饰的服装

民族风格是汲取民族、民俗服饰元素，蕴含复古气息的服装风格。世界各地各民族的文化习俗、传统信仰、生活方式等是民族风格服装产生的前提。民族风格服装正是借鉴了各民族服装的款式、色彩、图案、装饰等，借助新材料与流行元素进行调整，并赋予其时代理念的崭新设计。

第二节　服装款式廓形的分类与特征

一、字母型

以英文大写字母命名，如A型、V型、H型、S型、O型、Y型、T型、M型、I型等，此种分类形象且生动。

（1）A型廓形

A型廓形也称A型、正三角形或正梯形的服装廓形。这种廓形起源于17世纪的法兰西摄政时代，于1955年再次流行。A型廓形通过修窄肩部使上衣适体，同时夸张下摆构成圆锥状的服装轮廓。用于男装如大衣、披风、喇叭裤等有洒脱感（图 4-31）；用于女装如连衣裙、喇叭裙、披风等有稳重、端庄和矜持感（图 4-32）。高度上的夸张使女性有凌风矗立、流动飘逸的感觉，其变形如帐篷形、圆台形、人鱼形等同样具有活泼、洒脱、充满青春活力或优雅高贵的风格。

图 4-31　男装披风　　　　　图 4-32　A 型连衣裙

（2）V 型廓形

V 型廓形也称 V 型线，是上宽下窄如字母 V 的服装外形。这种廓形曾作为二战后的军服变形而流行于欧洲，二十世纪七八十年代再次风靡世界。这种廓形是通过夸大肩部及袖口（图 4-33、图 4-34）、缩小下摆，从肩部往下以直斜线的方向经臀部向裙脚收拢构成倒圆锥状的服装轮廓。用于男装可以显示刚健、威严与干练的风度，用于女装可以表现大方、精干、职业的女性气质。其变化的廓形 T 型、Y 型同样倾向于阳刚、洒脱的男性风格。

图 4-33　夸张袖口　　　　　图 4-34　夸张肩部

（3）H 型廓形

H 型廓形也称 H 型线，类似矩形或方形，是直筒状，不收腰形，如字母 H 的服装外形

（图 4-35 ）。这种廓形曾在 1925 年流行过，1957 年法国时装设计师克里斯特巴尔·巴伦夏加
（ Cristobal Balenciaga ）再次推出，因造型细长，强调直线有宽松感而被称为布袋式。1958 年
再度流行。这种廓形运用直线构成肩、胸、腰、臀和下摆，或偏向于修长、纤细或倾向于宽大、
舒展（图 4-36 ）。多用于外衣、大衣、直筒裤、直筒裙的造型，具有简洁、修长、端庄的风格
特征。其变化廓形中，箱形线条挺直、简练、明快、清新；桶形如椭圆形、蛋圆形或 O 型则柔
和、别致、含蓄、丰满。

图 4-35　H 型服装　　　图 4-36　强调直线感的 H 型服装

（4）X 型廓形

X 型廓形也称 X 型线，是倒正三角形或倒正梯形相连的复合形，类似字母 X（图 4-37 ）。
这种廓形通过细微夸张肩部、下摆和收腰而接近人体的自然形态曲线，是较为完美的女装廓形，
充满柔和、流畅的女性美，其变形有 S 型、自然适体形、苗条形、沙漏形、钟形等。无论是哪
种造型都能充分展示女性的优美舒展，体现女性的柔美和高雅。

图 4-37　X 型服装

二、几何型

几何型服造廓形是指以鲜明的几何形态来呈现服装的外部造型。按几何形状可分为长方形、正方形（图4-38）、梯形、三角形、球形（图4-39）等，这种分类整体感强，造型分明。

图4-38　正方形服装

图4-39　球形服装

三、物象型

物象型服装廓形是指以大自然或生活中的某一形态物体来表现服装的外部造型。物象型服装按物体形状可分为气球形、钟形、木栓形、酒瓶形、磁铁形、帐篷形、沙漏形、圆桶形、郁金香形、喇叭形等。

（1）酒瓶形

酒瓶形是上半身紧窄合体，下半身蓬松向外，呈酒瓶造型，多用于婚纱和晚礼服设计，尽显女性的柔美与高雅（图4-40）。

（2）磁铁形

磁铁形女装款式设计，注重肩部圆顺流畅，上身微鼓以模拟磁石吸引之态，裙摆则逐渐收紧，形成独特的磁铁外形。整体风格休闲自然，轻盈而不失稳重，彰显出服饰艺术与自然科技的和谐统一。

（3）帐篷形

又称梯形，肩部紧窄，裙摆宽大，形成上小下大的造型，呈帐篷形状，大方、平实。

（4）沙漏形

腰身收紧，上半身宽松，似沙漏造型，轻松，流畅，自然（图4-41）。

图 4-40　酒瓶形服装　　　　图 4-41　沙漏形服装

四、仿生型

仿生型通过借鉴生物进行设计，是现代服装造型设计形式之一，如牵牛花形的轻盈喇叭裙、宽松的蝙蝠袖（图 4-42）、端庄的燕尾服（图 4-43）以及马蹄袖、燕子领、蟹钳领等。

图 4-42　蝙蝠形服装　　　　图 4-43　燕尾服

✎ 知识拓展

仿生防弹衣

仿生防弹衣是模仿松塔和鹿角等生物的属性制作的。这种防弹衣可以抗风雨、防子弹。这是因为松塔能有效地对付潮湿，当大气湿度下降，松塔的鳞状叶子便会自动张开进行"呼吸"。基于此，利用类似松塔结构的人造纤维系统组成新的纤维结构，能适应外界自然条件的变化。英国现已着手研制这种仿生防弹衣，并将装备部队。

据美国《国家地理》杂志报道，美国麻省理工学院工程专业的研究生本杰明·布鲁伊特正致力于研究新一代护甲装备。布鲁伊特和他的同事已经对牛角、鹿角、鱼鳞和其他一些自然界中的天然材料进行了测试，以研究各种动物是如何在野生环境中进行自我防护的。目前，其工作的重点放在了一种软体动物——大马蹄螺（Trochus Niloticus）与其外壳的内层物质上。大马蹄螺坚硬的外壳保护着它柔软的身体，使其免受其他动物的伤害，其壳的内层是由珠母层构成的。珠母层有95%的成分是较易碎的陶瓷碳酸钙，另外5%的成分是一种柔软的、柔韧性很好的生物高聚物。布鲁伊特称这种生物高聚物为"有机胶水"。他说，在显微镜下，构成珠母层的这两种物质看起来就像是以"砖泥"结构形式结合在一起的，无数微小的"陶瓷盘"像硬币一样叠在一起，并由生物高聚物将它们黏合起来。科学家们试图了解，是什么使得它如此坚固。布鲁伊特解释说，要打碎一片珠母贝所需的力量是这种结构应该能承受的力量大小的两倍。研究人员发现，每个单独的"陶瓷盘"都被生物高聚物分隔开，而每个"陶瓷盘"的表面都覆盖着一层纳米级大小的凸起物，生物高聚物分子就附着在这些突起物中间。

布鲁伊特说，该研究小组目前的研究重点是"陶瓷盘"与生物高聚物"胶水"之间的力的关系。研究人员们希望，在未来几年能成功复制出珠母层的纳米结构，以用来制造更加安全可靠、同时也更加轻便的军用头盔、防弹衣以及汽车车身等。

（摘自陈莹著《纺织服装前沿课程十二讲》中国纺织出版社）

思考与练习

1. 举例说明三四种款式风格的主要特征。

2. 举例说明仿生型廓形服装设计法在生活中的实际运用。

第五章
服装色彩基础理论

　　服装色彩是服装设计中的重要组成部分，它直接或间接地影响着服装设计作品的整体美感。服装色彩配置的关键要素在于如何实现整体色调的有效调控与和谐统一，诸如上衣与下装的色彩搭配、整体设计风格与局部细节着色等方面的精准把控。除此之外，服装本身的色彩与周遭环境色的和谐度，以及消费者的年龄、职业、学历、肤色、体型等方面都有着密不可分的关系。合适的色彩配比可为服装的整体造型增添不少光彩，设计师在关注色彩本身的同时，还要关注时尚潮流资讯与流行色的发布，结合个人思考与见解，把握色彩流行趋势，从而设计出更符合时代与市场的服装。

第一节　色彩的基本常识

　　色彩在人们的社会生活、生产劳动以及日常生活中的重要作用是非常显而易见的。现代科学研究资料表明，一个正常人从外界接收的信息中，90% 以上是由视觉器官输入大脑的。而一切来自外界的视觉形象，如物体的形状、空间、位置的界限和区别都是通过色彩区别和明暗关系得到反映的，而视觉的第一印象往往是对色彩的感觉。

一、色彩的来源

　　色彩是由光刺激人的视觉和大脑而产生的一种视觉效果，光是色彩产生的决定性条件。17世纪60年代，英国物理学家艾萨克·牛顿在房间里完成了光和三棱镜的实验。实验表明，将各种颜色的光混合之后，就能得到白光。各色光本来就是白光的基本元素，它们既不是由其他光混合而成，也不是之前人们认为的由三棱镜所产生的。牛顿将红光和蓝光分离出来，并将其再次通过三棱镜时，发现这些单色光不能再被分开。牛顿同样发现，在光亮的屋内，物体看起来有颜色，是因为它们散射或反射了该种颜色的光，如红色的沙发主要反射红光，绿色的桌子主要反射绿光，绿松石反射蓝光和少量的黄光。

　　人类对色彩的感知，既受光的物理属性影响，又常受环境色彩所左右。色彩的感知是多维的，环境色彩在其中扮演着不可或缺的角色。对色彩的兴趣促使了人们色彩审美意识的产生，成为人们学会色彩装饰、美化生活的前提因素。正如马克思所说，"色彩的感觉是一般美感中最大众化的形式"。

二、色彩的种类与系别

在千变万化的色彩世界中，人们视觉感受到的色彩非常丰富，按种类可分为原色、间色和复色三大类。就色彩的系别而言，则可分为彩色系和无彩色系两大类。

（一）色彩的种类

1. 原色

色彩中不能再分解的基本色称为原色。原色能合成出其他色彩。原色只有三种，色光三原色为红、绿、蓝，颜料三原色为品红（明亮的玫红）、黄、青（湖蓝）。色光三原色可以合成出所有色彩，颜料三原色从理论上来讲可以调配出其他任何色彩，但因为常用的颜料中除了色素外还含有其他化学成分，所以两种以上的颜料相调和，纯度就会受影响，调和的色种越多就越不纯，也越不鲜明，颜料三原色相加只能得到一种黑浊色，而不是纯黑色。

2. 间色

间色是指由品红、柠檬黄、不鲜艳青这三种原色中的任意两种等量混合所得出的颜色，具体包括橙色、紫色和绿色。这种混合方式体现了色彩在调配过程中的丰富变化和互补特性，也是色彩学中的基础概念之一。在色彩应用中，间色不仅丰富了色彩的层次感和视觉效果，也体现了人们对于色彩认知和运用的深入探索。

3. 复色

复色，在色彩学的语境中，指的是通过混合两种或更多种颜色而产生的新的颜色。这些颜色可以是原色、间色或任何其他已存在的颜色。复色的创造过程，涉及不同颜色间的比例和混合方式的精细调整，从而生成具有独特色调、饱和度和明暗度的色彩。复色因其丰富多样的变化和深度，被广泛应用于艺术、设计和时尚等领域，为创作者提供了更为广阔的色彩空间。

（二）色彩的系别

1. 有彩色系

有彩色系是指包括在可见光谱中的全部色彩，它以红、橙、黄、绿、青、蓝、紫等为基本色。基本色之间不同量的混合、基本色与无彩色之间不同量的混合而产生的千万种色彩都属于有彩色系。有彩色系是由光的波长和振幅决定的，波长决定色相，振幅决定色调。所有彩色系中的任何一种颜色都具有三大属性，即色相、明度和纯度。也就是说一种颜色只要具有以上三种属性都属于有彩色系。

2.无彩色系

无彩色系是指由黑色、白色及黑白两色相融而成的各种深浅不同的灰色系列。从物理学的角度看，它们不包括在可见光谱之中，故不能称之为色彩。但是从视觉生理学和心理学上来说，它们具有完整的色彩性，应该包括在色彩体系之中。无彩色系按照一定的变化规律，由白色渐变到浅灰、中灰、深灰直至黑色，色彩学上称为黑白系列。黑白系列中由白到黑的变化，可以用一条垂直轴表示，一端为白，另一端为黑，中间有各种过渡的灰色。纯白是理想的完全反射物体的颜色，纯黑是理想的完全吸收物体的颜色。

无彩色系的颜色只有明度上的变化，而不具备色相与纯度的性质，也就是说它们的色相和纯度在理论上等于零。色彩的明度可以用黑白度来表示，愈接近白色，明度越高；越接近黑色，明度愈低。

三、色彩的联想

色彩的联想受到人的年龄、性别、性格、文化、教育程度、职业、民族、宗教、生活环境、时代背景、生活经历等各方面因素的影响，可分为具象色彩联想与抽象色彩联想两种。

（一）具象色彩联想

具象色彩联想是指人们看到某种色彩后，会联想到自然界、生活中某些具体的相关事物。如人们看到红色后会联想到鲜血、朝霞等（图5-1）；看到绿色后会联想到小草、森林等具体事物（图5-2、图5-3）。

图5-1 朝霞

图5-2 绿色植被

图5-3 绿色森林

（二）抽象色彩联想

抽象色彩联想是指人们看到某种色彩后，会联想到理智、高贵等某些抽象概念。如白色令人联想到纯洁、朴实、典雅等抽象的概念。

四、色彩的对比与调和

两种以上色彩组合后，由于色相差别而形成的对比效果称为色相对比。它是色彩对比的一个根本方面，其对比强弱程度取决于色相在色相环上的距离（角度），距离（角度）越小对比越弱，反之则对比越强。

（一）零度对比

1. 无彩色对比

无彩色虽然无色相，但黑白灰组合形成的对比在实用方面很有价值，如黑与白、黑与灰、中灰与浅灰，或黑与白与灰（见图5-4）、黑与深灰与浅灰等。无彩色对比会使人感觉大方、庄重、高雅而富有现代感，但也易产生过于素净的单调感。

图5-4　黑与白与灰对比

2. 无彩色与有彩色对比

无彩色与有彩色对比如黑与红（见图5-5）、灰与紫（见图5-6），或黑与白与黄、白与灰与蓝等。这种对比会使人感觉既大方又活泼，无彩色面积大时，偏于高雅、庄重，有彩色面积大时活泼感加强。

图5-5　黑与红对比　　　　　　　　　　　图5-6　灰与紫对比

3. 同类色相对比

同类色相对比是一种色相的不同明度或不同纯度变化的对比，俗称同类色组合，如蓝与浅蓝（蓝＋白）色对比（图5-7），绿与浅绿（绿＋白）与墨绿（绿＋黑）色对比（图5-8）等。这种对比会让人感觉统一、文静、雅致、含蓄、稳重，但也易产生单调、呆板的问题。

图 5-7　蓝与浅蓝色对比　　　　　　　　图 5-8　绿与浅绿与墨绿色对比

4. 无彩色与同类色对比

无彩色与同类色对比如白与深蓝与浅蓝对比、黑与橘色与咖啡色对比（图 5-9）等，其效果综合了无彩色与有彩色对比和同类色相对比类型的优点。这种对比会使人感觉既有一定层次，又显大方、活泼、稳定。

图 5-9　黑与橘色与咖啡色对比

（二）调和对比

1. 邻近色相对比

邻近色相对比指色相环上相邻的二至三色对比，色相角度大约 30°，为弱对比类型，如红橙与橙与黄橙色对比（图 5-10）等。这种对比会使人感觉柔和、和谐、雅致、文静，但也会感觉单调、模糊、乏味、无力，必须通过调节明度差来加强效果。

图 5-10　红橙与橙与黄橙色对比

2. 类似色相对比

类似色相对比的色相对比角度约 60°，为较弱对比类型，如红与黄橙色对比等（图 5-11）。这种对比效果较丰富、活泼，但又不失统一、雅致、和谐的感觉。

3. 中度色相对比

中度色相对比是色相对比角度约 90°，为中对比类型，如黄与绿色对比（图 5-12）等。这种对比效果明快、活泼、饱满，使人兴奋，感觉有兴趣，对比既有相当力度，又不失调和之感。

图 5-11　红与黄橙色对比

图 5-12　黄与绿色对比

（三）强烈对比

1. 对比色相对比

对比色相对比的色相对比角度约 120°，为强对比类型，如黄绿与红紫色对比等。这种对比的效果强烈、醒目、有力、活泼、丰富，但也不易统一而感杂乱、刺激、造成视觉疲劳。一般需要采用多种调和手段来改善对比效果。

2. 补色对比

补色对比的色相对比角度为 180°，为极端对比类型，如红色与绿色、黄色与紫色对比等。这种对比的效果强烈、炫目、响亮、极有力，但若处理不当，易产生幼稚 、原始、粗俗、不安定、不协调等不良感觉。

第二节　色彩的调和搭配

色彩组合的协调之美也是一门艺术。色彩运用的恰当性直接影响到观者的情绪体验和审美感受，不同的配色方案对人的心理状态具有显著影响，其中关键在于配色组合的和谐性及其规律性是否得以遵循。在色彩学上，根据心理感受，把色彩分为暖色调（红、橙、黄）、冷色调（绿、青、蓝）和中性色调（黑、灰、白）。图5-13为冷暖色盘。在色彩搭配方面，主要有撞色搭配、邻近色搭配、点缀色搭配、黑白灰单独搭配等。

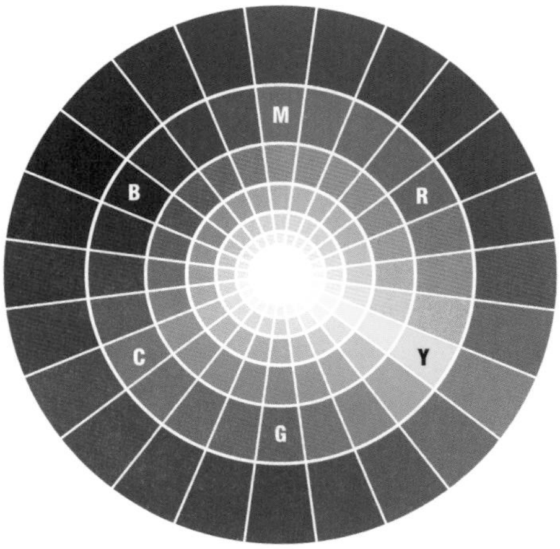

图 5-13　冷暖色盘

一、冷暖色调和搭配

在美术创作与设计表现中，冷暖色调带给人的感觉也是大不一样的。不同的色彩可以使人产生不同的心理感受，如红色、橙色、黄色为暖色，象征着太阳、火焰；绿色、蓝色、紫色为冷色，象征着森林、大海、蓝天；灰色、黑色、白色则为中间色。冷色和暖色之间没有严格的色彩界定，它是颜色与颜色之间对比而言的，如同样是黄色，一种发红的黄看起来是暖色，而偏蓝的黄色给人的感觉是冷色。

在色彩学的语境中，冷色指的是那些能使人心理上产生凉爽、清新感觉的颜色，主要包括蓝色、绿色及紫色等色系。这些色彩在色相环上处于绿色至紫色的区域，通常波长较短，色调偏暗，能够营造出冷静、深邃的视觉氛围。举例来说，深绿、墨绿等色彩在自然界中常见于森林、湖泊等场景，它们给人以宁静、和谐之感；蓝色如同海洋与天空，宽广而深邃，使人感受到无限的广阔与深远；紫色带有一种神秘、高贵的气质，常用于表达奢华与浪漫。冷色在视觉艺术、设计以及心理治疗等领域具有广泛的应用。它们不仅能够平衡画面的色彩分布，增强作品的层次感，还能够影响观者的情绪体验，营造出不同的情感氛围。

在色彩学中，暖色是指视觉上能给予人温暖感觉的颜色，主要包括红色、橙色和黄色等色系。这些色彩在色相环上处于红色至黄色的区域，通常波长较长，色调明亮，给人以热烈、活力的视觉印象。举例来说，红色如火焰般炽热，象征着热情、力量和勇气；橙色如同晨光或落日，温暖而柔和，带有一种亲和与舒适感；黄色明亮而活泼，如同阳光洒满大地，给人带来欢乐与希望。暖色在绘画、设计以及影视等艺术领域有着广泛的应用。它们不仅能够增强画面的明亮度，提升作品的视觉冲击力，还能够引发观者的情感共鸣，营造出热情洋溢、充满活力的氛围。例如，在欣赏一幅以冷色调为主的画作时，观众可能感受到一种宁静而深远的氛围，仿佛置身于清晨的森林或冬日的湖畔。冷色还能够唤起对宁静、清冷或孤独等情感的共鸣，使人在忙碌喧嚣的生活中找到片刻的宁静与放松。通过巧妙运用冷色，艺术家可以营造出独特的情感氛围，引导观众深入体验作品所传达的情绪与意境。

色彩还可以使人有距离上的心理感觉，如黄色有突出背景向前的感觉，青色有缩进的感觉。暖色为前进色，给人以膨胀、亲近之感；冷色为后退色，给人以镇静、收缩、遥远之感。

事实上，任何颜色都是用三原色（红、黄、蓝）组合而成的（图5-14），而三原色中只有红色是暖色，所以判断颜色冷暖，可以看这种颜色中红色的成分多少来决定。如紫色是由红与蓝组成的，而红与蓝的比例不同将决定紫色的冷暖程度不同。

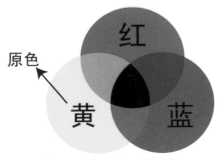

图5-14　红、黄、蓝三原色

二、对比色调和搭配

对比色的调和搭配是将原本不适合的多种颜色搭配在一起，以体现自信与活力，张扬个性和气魄。主要是指将两种（或多种）反差较大的颜色搭配形成视觉冲击的效果。对比色调和搭配包括强烈色调和搭配与补色调和搭配。强烈色调和搭配指两个相隔较远的颜色相配，如黄色与紫色、红色与青绿色，这种配色比较强烈；补色调和搭配指两个相对的颜色配合，如红与绿、青与橙、黑与白等。

简单来讲，对比色调和搭配就是将色差较大的颜色搭配或拼接在一起，既可以是大范围的撞色，也可以是小色块的局部撞色。如红与绿、蓝与橙等，在色相环上相对较远，其视觉效果的鲜明对比为服装设计带来了丰富的层次感和视觉冲击力。设计师通过巧妙地运用这些对比色，能够凸显服装的个性和特色，满足不同消费者的审美需求。在夏季的服装设计中，设计师可以采用清新的蓝色与热烈的橙色进行对比搭配。蓝色的清新自然与橙色的活力四射相互碰撞，营造出既时尚又动感的视觉效果。这样的设计不仅符合夏季的活泼氛围，还能凸显穿着者的青春活力。

现如今，对比色调和搭配成了许多设计师表达自信与活力，张扬个性的不二选择。巧妙的服装色彩搭配可提高人的整体气质，彰显出独一无二人的个性和精神面貌。

在常见的服装对比色调和搭配方案中，主要有以下几种。

（一）红配绿

红配绿是很正的互补色（图5-15），在选择过程中要注意色彩的饱和度和色相。

图5-15　红配绿

（二）黄配紫

黄和紫是互补色（图5-16），黄色和紫色搭配会给人一种充满活力的感觉。

图5-16　黄配紫

（三）蓝配橙

橙色属于暖色系，给人感觉热情开朗。与之相反的蓝色，给人一种安静且内向的感觉。这两种颜色的组合是最佳的互补色搭配之一（见图5-17）。

图 5-17 蓝配橙

（四）绿配紫

紫色和绿色在色盘上呈现 180° 的关系，构成互补色（图 5-18）。这种对比色调和搭配组合之所以被视为最佳组合，是因为它们在色相、明度和饱和度上的显著差异能产生强烈的视觉对比，从而增强色彩的表现力。

图 5-18 绿配紫

在服装撞色搭配中，全身上下颜色过多会导致视觉混乱，失去时尚感。其次，红绿的搭配过于刺眼，缺乏审美平衡，除非个人气质出众，否则易显突兀。此外，色差过大的颜色搭配亦应避免，如荧光色与暗色系的混搭，易产生不协调感。在撞色搭配中，应注重色彩的比例与面积，以及色彩的和谐过渡，避免过于突兀的对比，以实现审美与功能的统一。例如，在撞色拼接的设计中，若大面积使用亮色拼接，易产生色彩堆砌感，应适当融入基础色系以平衡视觉效果。

第三节　服装设计中的色彩法则

服装设计中的色彩法则运用是设计师在设计服装的过程中必须掌握的一项科学审美法则。从某种程度上来讲，设计师对于色彩的整体把控与局部表达往往决定了一件服装的整体风格走向。因此，设计师应当对色彩有着极为强烈的敏锐观察力，了解服装设计中的基本色彩分类并通过运用一定的色彩法则来进行设计。

服装给人的第一印象往往是色彩。因此，在服装三要素的排序中，一般将色彩排在首位，即色彩—款式—面料。色彩对服装的影响极大，人们通常是根据服装配色来决定对服装的选择，在观察着衣物件时，也总是根据直观的第一色彩来评价着装者的性格、喜好和修养。正如马克思所说："在一般的美感中，色彩的感受是最大众化的形式。"可以说服装色彩与配色设计在服装设计的大理念中是最为关键的问题之一。服装色彩的选用需依据现实生活的多变因素进行精准调试，其本质是一种从抽象概念到具体实践的转化过程，具备高度的灵活适应性。地域差异、环境变迁、场所特性、文化背景、信仰体系、习俗传统以及建筑风格等诸多要素，均能对服装色彩的选择与应用产生深远影响，促使其呈现出丰富多彩的变化态势。

一、色彩的象征意义及其在服装上的运用

（一）红色

红色象征着生命、健康、热情、活泼和希望，能使人产生热烈和兴奋的感觉（图5-19）。红色在汉民族的生活中还有着特别的意义——吉祥、喜庆。

红色有深红、大红、橙红、粉红、浅红、玫瑰红等，深红具有稳重之感，橙红、粉红相比之下显得十分柔和，较适合于中青年女性。而强烈的红色一般比较难以搭配，通常会选用黑色或白色与其相配从而产生很好的艺术视觉效果，当与其他颜色相配时要注意色彩纯度和明度的节奏调和。

（二）橙色

橙色色感鲜明夺目，有刺激、兴奋、欢喜和活力感（图5-20）。橙色比红色明度高，是一种比红色更为活跃的服装色彩。橙色不宜单独用在服装上，如果全身上下都穿着橙色的服装，容易引起单调感和厌倦感。一般橙色适合与黑、白等色相配，往往能出现良好的视觉效果。

图 5-19　红色的服装
（李潇鹏摄于 2023 年巴黎时装周之 Flying Solo）

图 5-20　橙色的服装
（李潇鹏摄于 2023 年巴黎时装周之城市时装周）

（三）黄色

黄色是光的象征，因而被认为是快活、活泼的色彩，给人干净、明亮的视觉感受（图5-21）。纯粹的黄色由于明度较高，比较难与其他颜色相配。用色度稍浅一些的嫩黄或柠檬黄比

较适宜运用于学龄前儿童的服装配色，显得干净、活泼、可爱。体型优美、皮肤白皙的年轻女性适合较浅的黄色面料，穿着这一色系的服装会显得文雅、端庄。黄色色系是服装配色中最常用的色系之一，它与淡褐色、赭石色、淡蓝色、白色等相搭配，能取得较好的视觉效果。

（四）绿色

绿色色感温和、宁静、青春且充满活力（图5-22）。近年来，由于"绿色"概念深入人心，更容易使人们联想到自然与环保等。绿色也是儿童和青年人常用的服装色彩，其配色相对较容易，特别是花色图案中的绿色更适合与多种色彩的面料相搭配。在搭配绿色的服装时要特别注意利用绿色的系列色，如墨绿、深绿、翠绿、橄榄绿、草绿、中绿等色彩的搭配，尽量避免大面积地使用纯正的中绿，否则会出现视觉单调的效果。

图 5-21 黄色的服装
（李潇鹏摄于 2023 年巴黎时装周之城市时装周）

图 5-22 绿色的服装
（李潇鹏摄于 2023 年巴黎时装周之亚欧洲专场秀）

（五）蓝色

蓝色通常使人联想到广阔的天空和无边无际的海洋，它象征着希望（图5-23）。蓝色属于冷色系，有稳重和沉静之感，是适合团体活动时所穿着的颜色。

（六）白色

白色象征着纯真、高雅、稚嫩，给人以干净、素雅、明亮的感觉（图5-24）。白色能够反射出明亮的太阳光，吸收较少的热量，是夏天比较理想的服装色彩。白色是明度最高的颜色，具有膨胀感，在设计中尽量避免给肥胖的人群选用白色。

图 5-23　蓝色的服装　　　　　　　　　　　图 5-24　白色的服装
（李潇鹏摄于 2023 年巴黎时装周之城市时装周）　（李潇鹏摄于 2023 年巴黎时装周之 Flying Solo）

（七）黑色

黑色是一种明度最低的颜色，也是一种具有严肃感和庄重感的颜色，常给人以后退、收缩的感觉（图 5-25）。黑色比较适合体型肥胖的人群，穿着后使人的视觉产生一种消瘦的视错。由于黑色吸收太阳光热能的能力较强，会增加穿着者的闷热感，因此不宜在夏天穿着黑色服装。设计师在使用黑色时一定要注意小的装饰设计和服饰配件的整体效果，否则会产生一种消极或恐怖的感觉。

（八）紫色

紫色是一种独特的色彩，兼具冷色与暖色的特性，它位于光谱中红色与蓝色的交汇处，融合了这两种基本色的精髓（图 5-26）。在色彩学中，紫色是电磁波中可见光的高频部分，波长较短，给人以神秘、高贵和深刻的视觉印象。在自然界中，紫色并不常见，因而更显得珍贵与独特。例如，在服装设计中，紫色常被用于表达奢华、优雅和浪漫的情感，是时尚界不可或缺的重要元素。

图 5-25　黑色的服装　　　　　　　　　　图 5-26　紫色的服装
（李潇鹏摄于 2023 年巴黎时装周之 Flying Solo）　　（李潇鹏摄于 2023 年巴黎时装周之城市时装周）

二、服装设计中的色彩设计概念

在服装设计中，色彩、面料、款式是最为重要的三大设计要素，三者缺一不可。由于色彩具有十分强烈的视觉冲击效果与感染力，因此也决定了服装整体的风格趋势。当设计师在设计一件服装时，首先要了解服装设计中的色彩设计概念，即主色、搭配色、点缀色。

（一）主色

在任何一项设计中，通常都需要有一个最为主要、突出的颜色作为画面的主角，而其他作为辅助或衬托的颜色则会作为配角并按照一定比例出现，这个在色彩中占据主角地位的即是主色。在服装设计的色彩运用中，主色被定义为占据服装最大面积的主要色彩元素，它通常主导着整件服装的色调，常见于套装、风衣、大衣、裤子、裙子等核心服装构成部分。服装设计中的主色就好比一个人的外貌，是区别于他人的重要因素之一，同时也影响着给人的第一印象。因此，服装主色的选择也为服装的整体设计风格奠定了色彩基调。

（二）搭配色

在服装设计领域，某些色彩主要起到辅助主色的作用，这类色彩常用于服装的内搭部分，如毛衣、衬衫、背心等服饰单品。它们通过与主色的搭配与协调，增强整体设计的层次感和视觉效果，进而提升服装的艺术表现力与穿着体验。

（三）点缀色

点缀色是运用面积最小的色彩，但往往处于显著位置并起到调节的作用，由于其自身特点的特殊性，因此点缀色通常体现在细节上，如围巾、鞋、包、饰品等都时常运用点缀色进行设计，具有画龙点睛的色彩设计效果。

三、同类色设计法则

同类色设计法则是指将色系相同，但深浅不同的色彩进行组合设计，如深红—浅红、姜黄—米黄、墨绿—浅绿等（图5-27）。通常来讲，同类色配色的服装往往具有层次感，并具有一定的保守性，一般不会出错。近年来，同类色设计法则经常被设计师运用于服装设计之中，并颇受消费者青睐。同类色设计法则效果和谐、自然，不足之处在于容易使服装产生单调感，但也可以通过调节明度和纯度来改善色彩效果，产生丰富感。同类色设计法则具有系列统一的雅致感，同时具有一定的变化感，是服装设计师常用的色彩设计法则，时常给人以温和、安静含蓄的美感。

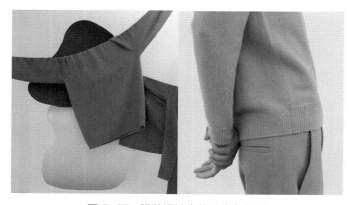

图5-27　服装设计中的同类色运用

四、邻近色设计法则

在色环中，相邻接的色彼此都是邻近色，彼此间都拥有一部分相同的色素，因此在配色效果上，也属于比较容易调和的配色。但邻近色也有远邻、近邻之分，近邻色属性更相近，易于调和；远邻色的应用需细致考量其独特性质与色感，其间偶尔呈现的微妙差异，是色彩视觉效应的具体体现，这种效应直接受色差大小与色环上相对位置的影响。

邻近色的配色关系处在色相环上30°以内，这种色彩配置关系形成了色相弱对比关系。

邻近色配色特点是：由于色相差较小而易于产生统一协调之感，较容易出现雅致、柔和、耐看的视觉效果。服装色彩设计采用这类对比关系，配色效果丰富、活泼，因为具有变化，且对眼睛的刺激适中，具有统一感，因此能弥补同类色配色过于单纯的不足，又保持了和谐、素雅、柔和、耐看的优点。但是，在邻近色配色中，如果将色相差拉得太小，而明度及纯度差距又很接近，配色效果就会显得单调、软弱，不易使视觉得到满足。所以，在服装色彩搭配中运用邻近色调和方法时，首先要重视变化对比因素，当色像差较小时，则应在色彩的明度、纯度上进行一些调整和弥补，这样才能达到理想的服装配色效果。

五、对比色设计法则

对比色设计法则通常是指运用两个或多个色相对比强烈的颜色进行设计，它们在色环上通常相距较远。对比色设计法则在运用过程中经常会使色彩产生对立感，其效果强烈、醒目、丰富，但在和谐度上稍显不足，因此在服装调色中需要用调和手段达到和谐的效果。由于对比色具有刺激、强烈、炫目的视觉效果，如若运用不当，则会显得粗俗、不协调。一般来讲，设计师可利用色彩间面积对比进行过渡、改进，从而产生较为明快、活泼之感（图5-28）。

六、色彩明度设计法则

在服装设计中，明度指的是色彩的明暗程度，也即深浅，主要分为高明度、中明度和低明度。这种设计法通过巧妙地运用不同明度的色彩搭配，创造出丰富多变的视觉效果。高明度色彩如浅淡、高丽的颜色，能营造出优雅、明亮的氛围，常应用于女性或夏季服装中，带来清新愉悦的感觉。中明度色彩显得庄重、含蓄，适合中年人群及追求内敛风格的设计，也能展现出青年人活泼、开朗的性格特点。低明度色彩带给人沉静、文雅的感受，常用于表现庄重、忧郁或超脱的氛围。在具体设计中，设计师会根据服装的定位、目标人群以及场合需求，选择合适的色彩明度组合，以达到理想的视觉效果和穿着体验。

图 5-28　服装设计中的
对比色运用

思考与练习

1. 色彩的种类、系别有哪些？

2. 服装设计中如何有效地进行色彩对比与调和？

3. 选择一种你喜欢的色系，并列出 2～3 种配色方案。

第六章
服装设计中的面料与工艺

服装设计中的面料主要包括服装本身的主要面料和服装的辅料。换句话说，除了构成服装本身的面料之外，其他的均称为服装辅料。服装面料的种类繁多，主要可分为柔软型面料、挺爽型面料、光泽型面料等，设计师在选用这些面料时还需根据这些面料的特性进行有效的工艺制作。在服装设计中，服装色彩、款式造型、服装面料与工艺是构成服装的三大要素，服装面料与工艺是服装的重要基础，也是消费者选购服装时的重要评判标准之一。

第一节　服装面料的分类与特征

服装的面料是服装的基础，是人们选购服装的重要因素，服装的面料、工艺和服装之间存在着相互制约与相互促进的关系。本节主要对服装的面料进行基本分类和介绍，并根据面料特征概述其风格特征。

一、柔软型面料

柔软型面料一般是指较为轻薄、悬垂感好、造型线条光滑、服装轮廓自然舒展的面料，主要分为针织面料、丝绸面料以及麻纱面料（图6-1～图6-3）。柔软的针织面料在服装设计中常采用直线型简练造型体现人体优美曲线，丝绸、麻纱等面料则多见松散型和有褶裥效果的造型，以表现面料线条的流动感。

柔软型面料常采用多种制作工艺，包括湿法纺织技术制备纤维，前处理成型，染色烘干，高速刷毛机刷毛使外表面柔软，以及最后的成品定型。这些工艺能够确保面料柔软舒适，同时注重环保性，减少化学剂的使用，为用户提供更好的体验。

图6-1　柔软型面料

图 6-2　针织面料

图 6-3　麻纱面料

二、挺爽型面料

　　挺爽型面料线条清晰且有体量感，能形成丰满的服装轮廓。常见的有棉布、涤棉布、灯芯绒、亚麻布和各种中厚型的毛料及化纤织物等（图6-4～图6-6）。该类面料可用于突出服装造型精确性的设计中，例如西服、套装的设计。

　　挺爽型面料常采用高支高密编织工艺，结合特殊整理技术，使面料具备优良的挺括度和抗皱性。通过精心选择的纱线和先进的织造方法，实现面料的平整度和稳定性，满足人们对挺括、清爽穿着体验的需求。

图 6-4　涤棉布面料

图 6-5　灯芯绒面料

图 6-6　亚麻布面料

三、光泽型面料

　　光泽型面料表面光滑并能反射出亮光，有熠熠生辉之感。这类面料包括缎纹结构的织物，最常用于晚礼服或舞台表演服中（图6-7、图6-8）。

　　光泽型面料一般采用高质量的纤维或合成材料作为原料，通过抛光、涂层或烫印等特殊处理工艺，增强面料表面的光滑度和反射效果，从而展现出独特的光泽感。不仅提升了面料的美观度，也增强了其耐用性和实用性。

图 6-7　粉色光泽型面料　　　　　　　　　图 6-8　蓝色光泽型面料

四、透明型面料

　　透明型面料质地较为轻薄而通透，主要包括棉、丝、化纤的蕾丝等，具有优雅而神秘的艺术效果（图 6-9 ～图 6-14）。

　　透明型面料一般通过采用特殊纱线如化纤丝等，并利用特殊的织造工艺如交织形成网状结构来制作。这些工艺使得面料具有透明或半透明的效果，同时确保面料的稳定性和耐用性，满足时尚和舒适的需求。

图 6-9　白色乔其纱面料　　　　　　　　　图 6-10　紫色乔其纱面料

图 6-11　透明型混色面料　　　　　　　　　图 6-12　粉色蕾丝面料

图 6-13　白色蕾丝面料

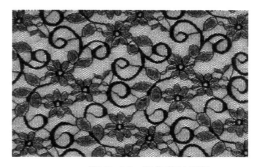

图 6-14　黑色蕾丝面料

五、厚重型面料

　　厚重型面料厚实耐刮，能产生稳定的造型效果，包括各类厚型呢绒和绗缝织物（图 6-15 ～图 6-17 ）。

　　厚重型面料一般采用粗纱线和紧密的织法，结合浆纱工艺以增强纱线强力与耐磨性。其织造过程可能使用剑杆织机或重磅喷气织机，确保织物厚重、结实，并具备良好的保暖和抗风性能，适用于家居装饰、冬季服装等领域。

图 6-15　厚型条纹呢绒面料

图 6-16　厚型菱格呢绒面料

图 6-17　厚型墨绿呢绒面料

第二节　服装面料与工艺的选用原则

不同的面料有着不同的性能特征，在工艺处理上同样有着不同的选用原则。为了更好地保证服装产品质量，提高生产效率，应当有针对性地选择合适的面料进行工艺处理。

一、适合性原则

在服装设计中，适合性原则是指面料的选择与运用应能够符合设计目的，满足穿着者的需求，同时与服装的整体风格和功能相协调。这一原则强调面料与服装的适配性，确保面料能够充分发挥其特性，为服装增添价值。在服装面料与工艺中，适合性较强的面料通常具备优良的性能和适应性。例如，针对运动服装，具有透气、吸湿、快干等特性的面料如涤纶、氨纶等合成纤维面料，其适合性较强，能够满足运动时的舒适性和功能性需求。而对于正式场合的服装，则更注重面料的质感、光泽和挺括度，如丝绸、羊毛等天然纤维面料或混纺面料，其适合性更为突出。

二、功能性原则

服装的功能性是挑选面料的一个关键点，像防水、防尘、隔热、阻燃、耐磨、缩水等都可作为参考点。需按照不同的使用环境、需求挑选合适的面料。图6-18为防尘服。

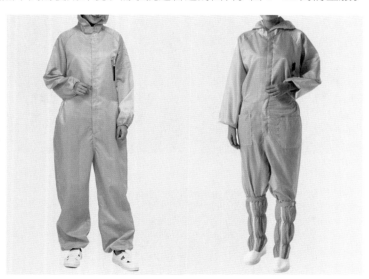

图6-18　防尘服

三、可塑性原则

可塑性原则是指某一物体或材料在特定条件下具有改变其形状、结构或特性的能力，并且在改变后能够保持新的形态而不易破裂或损坏。在服装领域，这一原则尤其体现在面料的选择上。在服装面料与工艺中，可塑性较强的面料通常具备高度的柔韧性和变形能力。例如，某些合成纤维面料，如尼龙和聚酯纤维，通过特殊的编织和处理技术，可以获得优异的可塑性。这些面料可以在设计师的巧手下，通过拉伸、折叠、扭曲等多种方式，塑造出独特的服装形态，满足设计师对服装造型的创新需求。此外，一些天然纤维面料，如羊毛和丝绸，在经过特殊处理后，也能展现出较强的可塑性。这些面料不仅具有良好的变形能力，还能在保持舒适性和透气性的同时，展现出丰富的视觉效果和触感体验。

四、面料再造原则

面料再造是服装面料的二次设计，是指根据设计需要，对成品面料进行的二次工艺处理，并使之产生新的艺术效果。它是设计师思想的延伸，具有无可比拟的创新性。

在服装设计中，款式、面料和工艺是非常重要的元素，而面料再造在其中担当着越来越重要的角色。服装设计师的工作首先是从织物面料设计开始的，而经过二次设计的面料更能符合设计师心中的设计构想，这样不仅可以提高设计效率，同时还能够给服装设计师带来更多的灵感和创作激情。

面料再造是一门艺术，很多设计师能将面料再造上升到令人叹为观止的艺术高度，它是设计师思想的延伸，具有无可比拟的创新性。面料再造的方法主要有以下几种。

（一）立体设计

面料再造的立体设计是指针对一些平面材质的面料进行处理再造，如用折叠、编织、抽缩、褶皱、堆积、褶裥等设计手法，形成凹与凸的肌理对比，给人以强烈的触摸感。抑或是把不同的纤维材质通过编、织、钩、结等手段，构成韵律的空间层次，展现变化出无穷的立体肌理效果，使平面的材质形成浮雕和立体感（图6-19）。

图6-19　面料立体设计

1. 褶皱法

褶皱法是立体设计中常用的一种方式，古希腊的服装就是运用褶皱造型，突出了女性的柔美。现代处理褶皱的方式越来越多，可以将其与蜡染、扎染相结合，也可以用机器压出各种形状的褶皱，十分方便快捷。抽褶亦是如此，甚至可以用布料直接在人台上造型，并自由任意进行抽褶，十分容易表现体量感。

2. 堆积法

堆积法是指通过进行一定数量、有规则或无规则的堆积而自然形成体量的方法，如在服装褶皱处、纽扣、领子、口袋等部位进行堆积。

3. 层叠法

运用层叠法设计出的面料效果既可以给人非常蓬松的厚重感，也可以是一种视错觉的效果。只要是平面的材料就可以用来做层叠，牛仔布、网纱等都可用来尝试，多种材料进行组合更会产生意想不到的设计效果。

（二）增型设计

面料再造的增型设计一般是指用单一的或两种以上的材质，在现有面料的基础上进行黏合、热压、车缝、补、挂、绣等工艺处理，从而形成的立体、多层次的设计效果（图6-20）。如各种珠子、亮片、贴花、盘绣、绒绣、刺绣、纳缝、金属铆钉、透叠等多种材料的组合运用。

图6-20 面料增型设计

缝绣法是很多设计师非常熟悉的方式之一，日本有一种面料再造方式就是用缝的方式在面料上做出图案，原本单色的面料因此变得更加有设计感。除此之外，如珠绣、缎带绣等的出现进一步丰富了缝绣法，运用缝绣法与印染、印花等方式结合可使服装面料表现更为多元化。

（三）减型设计

面料再造的减型设计是指按照设计构思对现有的面料进行破坏，如镂空（图6-21）、烧花、烂花、抽丝（图6-22）、剪切（图6-23）、磨砂等，形成错落有致、亦实亦虚的艺术效果。如将面料当成纸张来裁剪，若想要整齐的图案就使用类似皮革、TPU（热塑性聚氨酯弹性体橡胶）等这样非织物的材料。若追求的是飘逸自然的设计风格，平纹、斜纹等织物面料就是很好的选择。镂空具有若隐若现的"迷离感"，其中的纹样或形状也可以传递出设计师的独特想法，不过镂空这种方式有时候需要些小技巧，有时候需要专业机器的帮助，也可以直接在皮革等材料上进行设计。

图6-21 镂空减型设计

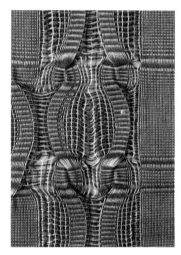

图6-22 抽丝减型设计

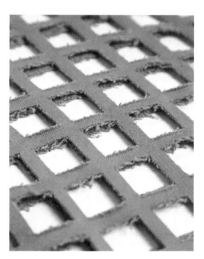

图6-23 剪切减型设计

1. 抽丝法

抽丝法均是由手工完成的，抽量大小多少、抽取手法等都具有一定的标准。在某些特定的服装款式中，毛边的设计是通过手工艺术精细操作得以实现的，这一手法充分展现了设计师对细节的追求和创意的展现。

2. 腐蚀、烧法

"搞破坏"也可以创造出美的东西，运用一些可以腐蚀面料或材料的物品对服装面料进行腐蚀、燃烧，可以形成不同形状、大小不规则的图案。

（四）钩编设计

随着编织服装的再度流行，各种各样的纤维和钩编技巧成为时尚的焦点。钩编设计常用不同质感的线、绳、皮条、装饰花边，用钩织或编结等手段，组合成各种极富创意的作品。编织作为面料再造中较为基本的创作技法，并不需要太过复杂的编织技巧。例如，通过运用粗细各异的线材结合编织，以及融入色彩丰富、材质各异的羽毛、碎布条等材料，实现多元素材的巧妙组合，创造出别具一格且意想不到的艺术效果。

（五）拼贴设计

拼贴设计是一种极具创意和个性的设计手法。它源于视觉艺术的创作实践，通过将不同材质、色彩、图案的面料或元素进行巧妙地拼接与组合，创造出一种独特的视觉效果和艺术风格。拼贴设计在服装中的运用，不仅丰富了服装的视觉表现力，更展现了设计师对材料的深入理解和对形式的创新探索。设计师可以通过对材质、色彩、图案等元素的巧妙搭配，将不同的文化、风格、情感等元素融入服装之中，使服装呈现出多元化的艺术魅力。同时，拼贴设计也体现了设计师对可持续时尚的关注。通过利用废旧面料或剩余材料，设计师可以创作出既具有艺术价值又环保的服装作品，为时尚产业注入更多的创意和活力。

（六）印染设计

这是一种比较初级却十分有效的方法，操作起来相对较容易，只需用布、颜料或者印花机器就可以完成。在印染方面，蜡染和扎染是比较简单的方式。

随着印染技术越来越发达，印花的方式也越来越简单。近年来，由于数码印花具有快速且良好效果的特质，一直备受设计师与消费者的喜爱。同时，街头元素也愈来愈受大众欢迎，将涂鸦、手绘等作为图样的印染设计也越来越流行。

（七）新型方法

比如3D打印出现初期就有"实验家"用来设计服装，这种极具未来感特质的服装令人惊叹。还有羊毛毡，又称为"戳戳乐"，最初设计师只是用它制作一些可爱的配饰与有趣的摆件。不过秉持着什么材料都能用来做服装的宗旨，一撮撮羊毛针毡就变成了设计师手中的面料，也能制作出精美的服饰等设计作品。

（八）其他方法

人类的大脑充满着无限想象，思维的世界从未有明确的界限。只要够敢想、够敢做，没有实现不了的面料再造。现如今，伴随着各种新型材料和技术的不断创新，设计师也会无止禁地进行思维发散。

思考与练习

1. 面料的基本分类有哪些？分别有哪些特征？
2. 如何权衡服装设计中功能性与审美性的双重设计标准？
3. 根据面料再造原则，收集面料小样进行面料设计。

第七章
服装流行趋势与创意系列设计

服装是衣与人的结合，是人着装后的一种状态。服装流行是人们着装后产生的，它并非是凭空臆想出来的，而是有迹可循的。创意灵感来源是服装设计中不可或缺的重要因素，是衡量一个设计师是否具有潜力的重要标准之一。本章主要介绍服装流行趋势、创意系列设计构思方法与表达及一些设计案例。

第一节　服装流行趋势信息来源

服装流行趋势的来源繁多，本节对部分较为重要的流行趋势信息来源进行分类概述，如权威专业组织、时装发布会中的四大知名时装周、时尚媒体杂志等。

一、权威专业组织

（一）国际流行色协会

国际流行色协会是一个非营利性组织，致力于观察和分析全球流行色的发展趋势。它成立于1963年，总部设在法国巴黎，由多个国家联合发起，拥有包括中国在内的多个正式会员国。协会每年举办两次会议，预测并发布未来一段时间的流行色趋势，为各国色彩应用提供参考。协会拥有完善的组织结构，成员来自全球各地，包括色彩专家、设计师及行业领袖等。他们共同合作，通过深入研究市场趋势和消费者偏好，为纺织和服装行业提供前沿的色彩指导。协会的主要工作内容包括发布流行色预测、举办色彩研讨会及培训活动，以及推动色彩在创意产业中的应用。此外，协会还积极参与国际交流与合作，与多个国家和地区的时尚机构建立合作关系，共同推动全球时尚产业的发展。

（二）中国流行色协会

中国流行色协会（China Fashion & Color Association）经民政部批准于1982年成立，是由全国从事流行色研究、预测、设计、应用等机构和人员组成的法人社会团体，1983年代表中国加入国际流行色协会。协会定位是中国色彩事业建设的主要力量和时尚前沿指导机构，业务主旨为时尚、设计、色彩。服务领域涉及纺织、服装、家居、装饰、工业产品、汽车、建筑与环境色彩、涂料及化妆品、美术、影视、动画、新媒体艺术等相关行业。

（三）中国服装设计师协会

中国服装设计师协会是民政部批准注册的全国性社会团体，成立于1993年，英文名称为China Fashion Association（简称CFA），总部设在北京。中国服装设计师协会是由服装及时尚业界设计师、专业人士、知名时装品牌、模特经纪公司和行业机构自愿组成的全国性、行业性、非营利性的社会组织。中国服装设计师协会会员分个人会员和单位会员，合计2700多人（家）。协会下设时装艺术专业委员会、配饰艺术专业委员会、学术工作委员会、技术工作委员会、陈列设计专业委员会、职业时装模特工作委员会、品牌工作委员会、战略咨询工作委员会8个专业委员会。2010年，中国服装设计师协会通过民政部评估，获得4A级社会组织称号。

目前，中国服装设计师协会开展的主要业务活动如下。

1. 举办一年两次中国国际时装周

中国服装设计师协会从1997年开始举办中国国际时装周，每年两次，三月下旬发布品牌、设计师当年秋冬系列服装流行趋势，十月下旬发布品牌、设计师来年春夏系列服装流行趋势。

中国国际时装周是中外知名品牌和设计师发布流行趋势、展示时尚创意、倡导设计创新、推广品牌形象的一个公共时尚服务平台。中国国际时装周已经成为继巴黎、米兰、伦敦、纽约、东京之外的最活跃的时尚发布活动，得到国际社会的广泛关注。中国时装设计"金顶奖"和"中国时尚大奖"是中国时装设计师、时装模特、时装摄影师、时装编辑、化妆造型师和原创品牌的最高荣誉。

2. 举办一年一次中国国际大学生时装周

中国国际大学生时装周是面向国内外时装院校的国际性公共服务平台，由中国服装设计师协会、中国纺织服装教育学会和中国服装协会共同主办，旨在宣传推广服装教育成果、展示大学生设计创意才华、促进大学生创业和就业，以进一步提升我国服装教育教学质量，更好地满足我国纺织服装业转型升级过程中对设计创新人才的需求。内容包括毕业生作品发布、服装教育成果展示、服装产业专题研讨、服装设计人才交流等。

3. 组织各类服装设计大赛和模特大赛

中国服装设计师协会致力于产业促进和品牌推广，尊重并维护创作者的知识产权，高度重视人才培养和职业发展。通过组织"中国十佳时装设计师""中国时装设计新人奖"评选和"汉帛奖"中国国际青年设计师时装作品大赛、"中国模特之星""中国职业模特"等各类专业大赛，为社会造就了一大批优秀时装设计师和时装模特。

4. 开展在职专业人员继续教育培训

中国服装设计师协会培训中心主要致力于中国服装行业在职专业人员的继续教育，定期开展工业制版、立体裁剪、店铺陈列培训，不定期开展设计管理、营销管理等国内外合作培训，为业界培养了一大批服装设计管理、服装营销管理、服装陈列设计等专业人才，满足了服装行业不同领域、不同层次的人才需求和个人职业素质提升的需要。

5.开展国际交流、促进跨国合作

中国服装设计师协会积极开展国际交流与跨国合作，先后与法国、意大利、俄罗斯、日本、韩国、新加坡等国时装及时尚业界建立了合作关系，并与日本时尚协会、韩国时装协会共同发起成立了亚洲时尚联合会，积极促进国内外企业与专业人士在设计、工艺咨询服务、引进品牌、特许授让等方面的友好合作。

6.中国时尚知识产权保护中心

中国服装设计师协会联合中华商标协会于2019年共同发起并成立了中国时尚知识产权保护中心。保护中心创建时尚知识产权保护平台（www.fashionip.cn），为时尚品牌和原创设计者提供版权登记、版权存证、版权监测、司法取证、法律维权等综合版权服务。保护中心每年举办中国时尚知识产权大会，定期发表时尚知识产权保护白皮书，深入推进中国时尚产业知识产权保护工作。同时，汇聚全球时尚力量，与国际时尚同仁一道，携手维护全球时尚产业的良好秩序。

（四）中国纺织服装教育学会

中国纺织服装教育学会（CHINA TEXTILE AND APPAREL EDUCATION SOCIETY，缩写 CTAES）成立于1992年，是经教育部批准，民政部登记注册，具有独立法人资格的由与纺织服装教育行业相关的企事业单位、社会组织和个人自愿结成的全国性、学术性、非营利性的社会团体。有团体会员318个（截至2023年3月）。

本会以服务和自律为宗旨，遵守宪法、法律、法规和国家政策，贯彻党的教育方针，维护会员的合法权益，努力为基层服务，是纺织企事业单位、学校和政府之间的桥梁。

本会下设9个分支机构：高等教育分会、高职高专教育分会、中等教育分会、继续教育分会、拼布艺术设计教育专业委员会、少儿模特工作委员会、纺织服装虚拟仿真专家委员会、课程思政专委会和产学研委员会。

本会内设4个部门：秘书处、培训部、咨询联络部、信息出版部。

本会自成立以来，组织健全，坚持从以下几个方面开展工作。

（1）学习贯彻党和国家的教育方针政策，做好调查研究，了解纺织服装教育现状，提出行业教育发展规划建议，经批准后，发布行业教育信息。

（2）开展有关教育理论研究，组织教育教学改革立项、教育教学成果评审工作。

（3）指导纺织服装类专业教学指导委员会工作，对纺织服装教育新建专业、新建学校提供咨询建议，接受委托对纺织服装专业进行研究、咨询、指导、评估和服务。

（4）搭建交流平台，促进产学研合作。帮助纺织服装企业建立现代企业教育制度，组织与纺织服装教育相关的交流学习、培训及继续教育。

（5）开展理论研究，举办各类培训，提高各层次教育人员业务水平，为基层工作提供服务，向有关领导部门提出建议。

（6）组织制定教材编写规划、教材编写和出版工作。

（7）开展国际学术交流，提高行业教育国际化水平，组织有利于纺织服装教育发展的各项社会服务活动。

（8）主办各专业的学生竞赛和教师竞赛，以赛促学，以赛促教。

（9）承办政府机关、社会团体或会员单位委托的有利于纺织服装教育发展的各项工作。

（10）依照有关规定，主办《纺织服装教育》会刊和《纺织高校基础科学学报》期刊。

二、时装发布会及时装周

时装周是以服装设计师和时尚品牌最新产品发布会为核心的动态展示活动，也是聚合时尚文化产业的展示盛会。时装周一般选择在时尚文化与设计产业发达的城市举办。当今全球有多个著名的时装周，如法国巴黎时装周、意大利米兰时装周、英国伦敦时装周、美国纽约时装周、日本东京时装周等。在我国，目前最具影响力的是在北京举办的中国国际时装周。此外，上海国际时装周、中国香港国际时装周等也享誉国内外。

每个时装周都有自己偏重的时装风格，如纽约时装周主推商业、休闲风格服装，伦敦时装周着力展现先锋、前卫的时尚潮流，米兰时装周继承传统又不乏时尚元素，巴黎时装周则是高级定制的时尚典范。最初，时装周只对时尚买手与厂商开放，但如今已演变成一场迷人的时装表演与媒体盛宴。时装周不仅对当季的服饰流行趋势具有指导作用，同时也在指导着配件部分，如鞋子、包、配饰、帽子以及妆容的流行趋势。

国际四大时装周（巴黎、米兰、纽约、伦敦）的时装发布会都是提前发布下一季的时装，这样他们的客户就可以提前预订，并且在这些服装公开销售之前就可以拥有它了，同时这样做也是在给时尚杂志留出时间，以便时尚编辑可以对大众进行下一季必备单品的举荐活动。一般来说，每个时装周几乎要举行不下100场活动，包括时装秀、慈善活动、庆祝宴等。大品牌设计师的作品会在时装周的主要活动日中展示，而大量的小品牌则会在这段时间的前后举行品牌时装发布会。

（一）巴黎时装周

法国巴黎被誉为"时装中心的中心"。国际上公认的顶级服装品牌设计和推销总部大部分都设立在巴黎，从这里发出的信息是国际流行趋势的风向标，不但引领法国纺织服装产业的走向繁荣，而且引领国际时装风潮。举办时间通常每年一届，分为秋冬（2、3月）和春夏（9、10月）两个部分，每次在大约一个月内相继会举办300余场时装发布会。

巴黎时装周起源于 1910 年（图 7-1），由法国时装协会主办。法国时装协会成立于 19 世纪末，协会的最高宗旨是将巴黎作为世界时装之都的地位打造得坚如磐石。他们帮助新晋设计师入行，安排巴黎时装周的日程，务求让买手和时尚记者尽量看全每一场秀。凭借法国时装协会的影响，卢浮宫卡鲁塞勒大厅和杜乐丽花园被开放成为官方秀场。他们向全球的媒体与买手推介时装周上将会露面的每一位设计师。

图 7-1　巴黎时装周

即便是二战期间，法国时装协会也没有停止巴黎时装周的进程。不过这时，关注时尚的人们早已统统跑去远离二战硝烟的纽约了。尽管如此，战争结束后，迪奥先生的 "New Look" 一经亮相，就立刻为巴黎收回了 "失地"。相比较而言，米兰和伦敦的时装周相对保守，它们更喜欢本土的设计，对外来设计师的接受度并不高，使这些外来者客居的感觉依旧强烈，而纽约时装周商业氛围又太过浓重，只有巴黎才真正吸纳全世界的时装精英。那些来自日本、英国和比利时的殿堂级时装设计师们，几乎每一个都是通过巴黎走入世界视野的。

（二）米兰时装周

米兰时装周每年汇聚了众多的专业买手和全球各地的媒体精英，这些行业翘楚的齐聚一堂，使得米兰时装周的影响力远远超越一般的商业活动（图 7-2）。其带来的世界性传播效应，不仅推动了时尚产业的发展，更在无形中引领了全球时尚文化的潮流方向。

图 7-2　米兰时装周

1967 年是 "意大利成衣诞生" 的重要年份，也是米兰作为世界性时装之都开始崛起的一年。这一年，米兰时装周正式创立，一批冠以设计师本人名字的意大利成衣品牌应运而生。米兰是意大利一座有着悠久历史的文化名城，曾经是意大利最大的城市。作为世界时装业中心之一，其时装享誉全球。意大利的纺织服装业产品以完美、精巧的设计享誉全球，特别是意大利男女时装的顶级名牌产品及皮服、皮鞋、皮包等皮革制品在世界纺织业中占有重要地位。

（三）纽约时装周

1943年，由于受二战影响，时装业内人士无法到巴黎观看法国时装秀，纽约时装周在美国应运而生，它也因此成为世界上历史最悠久的时装周之一。纽约时装周每年举办两次，2月份举办当年秋冬时装周，9月份举办次年的春夏时装周。纽约时装周由时尚评论家爱琳娜·琥珀（Elenor Lamber）发起，并于1943年第一次成功举办。发起人琥珀曾表示，举行这样一个时装周的初衷在于希望给纽约的设计师们一个展示自己工作的舞台，并且将当时专注于巴黎的时尚焦点转移过来。

在举办初期，纽约时装周以展示美国设计师的设计为主，因为他们的设计一直被专业时装报道所忽视。但伴随着纽约时装周取得成功，原本充斥着法国时装报道的《VOGUE》杂志也开始加大对美国时装业的报道。近年来，纽约时装周一直得到梅赛德斯-奔驰汽车公司的冠名赞助，因此又被称为"梅赛德斯-奔驰纽约时装周"（图7-3）。

图7-3 纽约时装周

（四）伦敦时装周

作为潮流创意发源地之一，伦敦才华横溢的设计师们在这里得到了尽情发挥，繁荣兴盛的服装设计业也得以诞生。无论是在T台上，还是在城市中的著名餐厅、酒吧、夜总会或是大街上，伦敦整座城市都在进行精彩的服装展示。

英国时尚协会创立于1983年，是由业内赞助商资助的非营利性机构。该协会致力于推动英国时尚产业发展，主办伦敦时装周，并为设计师提供业务支持和指导（图7-4）。

图 7-4　伦敦时装周

　　每年 2 月，超过 50 位引领潮流的设计师会相继在伦敦举办时装秀，同时，其他设计师的杰出作品也会以展览的形式呈现给观众。在时装周期间，这些时装设计天才会居住在自然历史博物馆的特制帐篷中，或其他容易激发灵感的地方。虽然伦敦时装周在名气上可能远不及巴黎、纽约的时装周，但它却以另类服装设计概念及奇异的展出形式闻名。如一些"奇装异服"总会以别出心裁的方式呈献给大众，带来神秘与惊喜。

　　除此之外，国际上比较知名的时装周还有柏林时装周、日本时装周、哥本哈根时装周、里约热内卢时装周等。但这些时装周的规模与四大时装周（巴黎、米兰、纽约、伦敦）相比仍相差甚远。

三、时尚媒体与网络资讯

　　当下的时尚媒体和网络资讯呈现出多元化、即时化和互动化的特点。随着科技的进步，时尚媒体不再局限于传统的杂志和报纸，而是更多地通过互联网平台、社交媒体和移动应用来传播。网络资讯的即时性使得时尚潮流的更新换代速度更快，消费者能够迅速获取最新的时尚资讯，紧跟潮流步伐。同时，互动化的特点也让时尚媒体更加贴近消费者，通过在线调查、互动评论等方式，收集消费者的反馈和意见，为时尚品牌提供更精准的市场定位和产品改进方向。此外，时尚媒体和网络资讯还通过跨界合作、内容创新等方式，不断拓展自身的影响力和覆盖范围。它们不仅关注服装、配饰等传统的时尚领域，还涉及美妆、生活方式等多个方面，为消费者提供全方位的时尚指南和生活建议。

（一）《VOGUE》

　　《VOGUE》创刊于 1892 年（图 7-5），既是美国康泰纳仕集团旗下的翘楚之一，也是全球时尚界的风向标。这本综合性的时尚生活类杂志内容广泛，涉及时装、化妆、美容、健康、娱乐以及艺术等多个领域，以其深度和广度为读者提供了一个全方位的时尚视角。《VOGUE》不仅记录并引领着时尚界的最新潮流，更通过其独特的视角和深度解读，传递着时尚背后的文化与精神。每一页都充满了潮流的气息，无论是高级定制还是街头风格，无论是时装周还是日常穿搭，都能在其中找到灵感和启发。此外，《VOGUE》还经常推出各种主题系列和专题报道，深入剖析时尚产业的发展趋势和服装设计的前沿动态。这些报道不仅为设计师提供了宝贵的创作灵感，也为消费者提供了更多了解时尚的途径。

图 7-5 《VOGUE》封面

（二）《时尚芭莎》

　　《时尚芭莎》是由中国时装杂志社在北京出版发行的时尚娱乐类月刊（图 7-6）。该杂志秉持"一切美的定义"的品牌理念，内容涵盖时尚、美容、艺术、设计等多个领域。

　　《时尚芭莎》在服装设计领域具有极高的影响力和权威性。作为一本服务于中国精英女性阶层的时尚杂志，它不仅是时尚潮流的风向标，更是服装设计的灵感源泉。从《时尚芭莎》中，读者可以观察到丰富多样的服装设计元素。它推崇创新与个性，鼓励设计师们打破常规，尝试不同的设计风格和搭配方式。杂志中的服饰常常融合传统与现代元素，复古与时尚并存，展现出独特的个人风格。这种设计理念不仅引领了时尚潮流，也启发了许多设计师的创作

图 7-6 《时尚芭莎》封面

灵感。同时，《时尚芭莎》也非常注重服饰的品质和细节。它强调精致的剪裁和独特的面料选择，追求舒适与美观并存。在杂志中可以看到各种高质量的面料和精湛的剪裁技巧，这些都保证了服饰的品质和耐用性。此外，杂志还关注环保与可持续发展问题，推动时尚产业的绿色发展。除此之外，《时尚芭莎》还经常推出各种时尚穿搭和主题系列，为读者提供多样化的穿搭建议和灵感。这些穿搭不仅时尚、前卫，而且非常具有实用性和可操作性。无论是职场穿搭、休闲穿搭还是派对穿搭，读者都能从中找到适合自己的风格和技巧。

（三）穿针引线网

穿针引线网是一个专注于服装行业的综合性网络服务商，汇聚了丰富的服装设计资源和业内交流平台（图7-7）。它是服装设计师、企业等获取行业资讯、交流合作的重要平台，深受业内人士的关注和喜爱。

图 7-7　穿针引线网官方标识

穿针引线网一直在以实际行动促进业界同仁的联合与中国服装行业的发展，是服装专业学生及从业人员最喜爱的网站之一。运营多年来，一直得到广大服装爱好者的拥护和喜爱，自网站创立至今共有90余名无偿志愿者担任版主管理员，为维护社区稳定构建用户互动建立了良好的基础。

（四）时尚自媒体

自媒体也称"公民媒体"或"个人媒体"，通常是指私人化、平民化、普遍化、自主化的传播者。自媒体一般是通过现代化、电子化的传播方式，向特定或不特定的个人及人群传递规范性与非规范性信息的新媒体的总称。当下自媒体平台一般包括微博、微信、小红书、抖音、哔哩哔哩等。

就中国市场而言，微博与微信一直是时尚自媒体运营的重要占地，其中在2016年公布的中国时尚自媒体价值排行榜中，前十位中有九位时尚自媒体运营者均来自微博与微信，如摄影师艾克里里、时装专栏作者gogoboi、韩国资深美妆达人Pony、时尚潮人徐峰立、时尚专栏作者黎贝卡的异想世界、时尚达人Dipsy（迪西）等。

四、相关领域流行热点捕捉

随着我国成衣业的迅猛发展，对于相关领域流行热点的捕捉显得尤为重要。服装流行趋势研究的目的在于有序地发展服装生产，引导服装消费，从而使服装运行机制与国际市场保持步调一致。随着社会经济的发展，服装市场的竞争业日益激烈，因而非常有必要从服装的生产、色彩、纤维、面料、辅料、配件、销售等各环节出发，进行有关服装诸多要素的流行趋势预测，以便在国际服装舞台上争取主动，充分发挥自身的优势，立于不败之地。

第二节　创意系列设计构思与表达

创意系列设计是指为了某一种用途而提出独特创意，并把脑中的构想具体表现出来的一种设计。具体来说，就是以面料作为素材，以人体作为对象，塑造出关于美的创意作品。作为一名服装设计师不应仅仅局限于对服装廓形、领围线、分割线等部位进行设计构思，而应当像电影导演一样把控全局，立于创意的中心，统筹规划，使服装达到完美的创意效果。

一、服装设计创新思维

有形或无形的世间万物，如变化无穷的自然风景、丰富多彩的民族民间文化、瞬息万变的流行信息、日新月异的现代科技等都可以触发设计师的灵感，进而进行创作构思活动。服装设计需要强烈的创新意识，创意思维的形成是建立在观察与发现的基础上，通过思考与探索进行题材和主题的定位进而实施设计的系列思维活动，因此设计师需要在感受生活、感知世界中寻找设计题材，引发创作灵感。设计思维是设计构思的方式，是设计的突破口，常用的设计思维有以下几种。

（一）形象思维

形象思维是指将具体的形象或图像作为思维内容的思维形态，也是艺术创作主要的和常用的思维方式。形象思维方式通常借助艺术语言和素材来完成艺术作品。艺术语言是创作者体现自我创作构思的技术手段和造型表现手法的总和。形象思维的过程是从印象再到形象逐步深入的过程（图7-8）。艺术语言与各种不同材质和质感的素材结合，充分发挥和利用各种造型语言，按照

图7-8　从自然形象中汲取灵感素材的服装设计作品

形式美的规律，合理布局，不断创新和创造，赋予创作丰富的情趣和艺术生命力。

服装设计的形象思维是在对现实生活进行观察、体验、分析、研究之后，将体会到的强烈感情色彩，通过想象、联想、幻想做进一步的总结归纳，运用色彩、素材、造型去塑造完整而富有意义的艺术形象，从而表达自己的创作设计意图。服装设计中通常以模仿、移植、组合、想象方式进行创新。筛选出合乎要求的形象素材，再在想象基础上将各类元素进行有机结合，使服装设计中的创新得到充分的发挥。形象思维从事和物的表面形状或色彩切入展开设计的情况较多。自然素材历来是服装设计的一个重要来源。大自然给予我们丰富的形象思维素材，譬如雄伟壮丽的山川河流、纤巧美丽的花卉草木、可爱的动物等。大自然的奇幻色彩也为我们提供了取之不尽、用之不竭的素材。设计师可以以自然素材的外形、内部结构、表面肌理、质感和色彩等为切入点展开设计思路（图7-9）。

图7-9　从自然形象中汲取灵感素材设计服装

（二）抽象思维

抽象思维是人们在认识活动中运用概念、判断、推理等思维形式，对客观现实进行间接的、概括性反映的过程，属于理性认识阶段。抽象思维是人们通过体验和思考逐步形成的，它能概括简洁地提炼素材的本质特征，表现素材的精神内涵，从形式上达到似与非似的突变创新。抽象思维设计是通过挖掘素材的深层内涵，提炼本质特征，以新形式展现其内在精神。它不局限于表面形象，而是创新设计，用简化或变形的方式创造新形态，追求神似而非形似。这种提炼过程能让素材变为新形象，是原始素材的"抽象化"或"风格化"（图7-10）。因此使用抽象思维来表现服装作品时，需要在服装中对原有素材的形象进行"破坏性"的拆解，只有变异才能达到抽象化的设计效果。这种"解构""变异"，再到"重组"的过程都是抽象思维的体现。

抽象思维设计涵盖的领域广泛，涉及文化艺术、社会动态、民族传统以及科技等多个方面。由于各类艺术间存在诸多相通之处，服装作为一种艺术形式，同样能从音乐、舞蹈、电影、绘画及文学等多种文化艺术素材中汲取灵感，并为其注入新的表现形式。因此，在设计过程中，设计师往往需要将建筑、绘画、民间染色工艺等多种艺术形式相互融合（图7-11）。这些多元风格为设计师提供了源源不断的创意灵感，他们通过自身的独特视角对这些元素进行解构、变异和重组，以抽象的形式融入服装的每一处细节之中，进而表达出自己的创作理念。例如，雕塑作品中的大理石以其简洁硬朗的线条和曲面为设计师提供了抽象几何设计的灵感，同时，不同角度光线照射下的明度变化也为服装带来了充满未来摩登感的独特魅力，这样的设计充分体现了设计师的非凡创意。

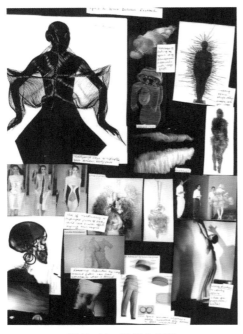

图 7-10　风格化拼贴

图 7-11　建筑艺术融入服装设计

（三）意向思维

意向思维是一种常见的具有明确意图趋向的思维模式，也是一种发散思维模式，是介于具象思维和抽象思维之间的一种思维形式。服装造型的意向思维不像具象思维那样力求逼真精细，也不像抽象思维那样变幻莫测，而是比较侧重"意境"，注重传递神韵、表露气质，渲染色调，抒发情感，通过对事物的分析选择，集各因素之所长，进行重新组合，创造意料之外、情理之中的新形象（图7-12）。意向思维的主要目的是把"意"和"神"作为造型的主导，去进行形象思维和抽象思维，以此创造源于自然、超越自然的意向形态。

图 7-12　意向思维模式下的服装设计作品

　　设计师采用意向思维模式展开设计，可以从设计目的要求出发，进行多级想象，层层深入分析，找到解决问题的关键。并运用大量的设计要素和语言，采用多种设计方法，从各个设计角度深入使构思不断深化、合理、完美。

　　在服装设计中，意向思维常被应用于职业装与日常生活装的构思过程中。以礼服设计为例，设计师在构思过程中往往会倾向于选择具有丝质光感的面料，并配以精美的配饰，以期打造出与着装者气质相辅相成的巧妙造型（图7-13）。这种思维方式强调设计的整体性与协调性，通过精准选择面料与配饰，实现设计理念的完美呈现。

图 7-13　礼服设计

（四）逆向思维

逆向思维是一种反常规的思维方式，它是指当以原思路无法解决问题时，改变思考角度，反其道而行之，从逆向或侧向进行分析推导，从而使问题得到解决的思维模式。逆向思维是把原有事物放在相反或相对的位置上进行思考的设计方法。逆向思维打破常规思维方式进行而得出的结果。逆向思维可以带来意想不到的另类设计结果，可以从设计的色彩、素材、造型等设计要素为切入点，也可以把题材、环境、故事、形式作为设计的捕捉点。逆向思维的形式无限多样，如性质上对立的两极的转换，软和硬、高与低等；结构、位置上的互换颠倒，上和下、左与右等；过程上的逆转，从气态变化为液态，电转换为磁等。在服装设计中，逆向思维的方法较为具体，例如内衣外穿、面料与里料的相反使用、服装前后面的逆向使用、宽松与紧身的逆向等（图7-14、图7-15）。逆向思维的设计方法需要灵活地应用，不能生搬硬套，设计款式无论有多创新，必须保留服装的自身风格及理念。

图 7-14　内衣外穿　　　　　图 7-15　面里料反用

在服装设计中，用逆向思维方式构思可以启发思路、拓展思维领域，催生意料之外的设计构思，使设计所表现的形式更有新意，引人注目。事实上，逆向思维就是消除心理上的思维惯性，变换方向和视角，从事物的内部结构进行研究和领会。在服装设计中，从设计、选材到制作都可以运用逆向思维来处理，如服装的非对称设计、夏天的帽衫设计、时装裤门襟裸露设计、牛仔裤的打磨做旧处理等。运用反向思考策略，能够赋予服装崭新的风貌，令人眼前一亮。

在服装设计的细节部分应用逆向思维进行设计能带来新颖时尚感。如商标的外贴方式；用螺栓和螺母作为设计亮点，在肩部进行连接使服装更有时尚简约之感；服装里衬的透明设计，打破了传统服装工艺的制作方式，将服装的口袋布料和商标透过透明里布显示出来，添加了新颖有趣之感，给服装带来了趣味设计风格。

（五）发散思维

发散思维是以一个问题为中心向外辐射发散，产生多方向、多角度的创作灵感捕捉方式。发散思维能使设计师从更广阔的范围中获取新的创作灵感素材，所有的艺术创作离不开发散思维，服装设计作为一种艺术创作，也离不开发散思维的启发。这种思维方式不受常规思维方式的局限，而是综合创作的主题、内容、对象等多方面的因素，以此作为思维空间中的一个中心点，向外发散吸收各种艺术风格、社会现象、民族风情、自然物态等一切可能借鉴吸收的设计要素，将其综合在自己的设计中（图7-16）。因此，发散思维方式作为推动设计及艺术思维向深度和广度发展的动力，是艺术设计思维的重要表现形式之一。

在服装设计中，运用发散思维穿越已有的常规思维方式及设计理念，借助横向类比、跨域转化、触类旁通等方法，使设计思路沿着不同的方向扩散，然后将不同方向的思路记录下来，进行调整，使这些多向的思维观念较快地适应、消化而形成新的设计概念。例如一衣多穿（图7-17）、一衣多用等形式。

图 7-16　发散思维模式下的服装设计作品

图 7-17　可以一衣多穿的服装

二、服装设计元素与方法

（一）设计元素

服装设计元素包括明线、蕾丝、流苏、拉毛、拼色、印花与染色、刺绣、综合材料、零部件等。设计元素的运用一般都以实用性为目的，后来衍生为装饰美观的艺术表现手法。

1. 明线

　　明线是缝制在面料上的一种工艺手段，起到加固作用，也可起到装饰效果。明线可分为单明线、双明线和多明线，多用于休闲装和运动装中。明线中的接口缝线是在服装的接口缝或止口沿边，等距离地缝上一道或几道线迹作为装饰，也有运用嵌线作为装饰，这些装饰线又俗称为"缉明线"或"压明线"。它是一种缉线装饰，是最简单、最常用的缝纫装饰工艺（图7-18）。

图7-18　明线装饰的服装

2. 蕾丝

　　蕾丝是一种网眼组织，最早由钩针手工编织而成，西方在女装特别是晚礼服和婚纱上使用广泛，18世纪的欧洲宫廷和贵族男性在袖口、领襟和袜沿也曾大量使用。蕾丝的织法通常是在已经准备好的织物上以针引线，按照设计进行穿刺，通过运针将绣线组成各种图案和颜色，这些图案或古典或抽象，成为服装上重要的设计元素。现代已经有很多种类机织的蕾丝。蕾丝作为自古以来重要的设计元素，有着丰富的文化内涵。蕾丝可以作为服装的一种面料，比如黑色蕾丝装、夏奈尔春节的白天鹅蕾丝裤、阿玛尼的红色窗花蕾丝裙，同样带有强化女性身份角色的意识特征。

　　蕾丝经常作为一种辅料用于服装设计中，如用于荷叶裙边的修饰、衬衣上的小巧蝴蝶结以及袖口、领口、裙摆等部位的装饰。并且，蕾丝还是婚纱和内衣设计中非常常见的服装辅料，服装上使用蕾丝可以使服装显得柔美，并且富有设计美感（图7-19）。

3. 流苏

　　流苏起源于18世纪的欧洲贵族皇室，之初主要作为窗帘、抱枕、灯饰、布艺沙发等高档家私中的装饰。随着历史的发展，流苏逐渐走进普通百姓的家里，成为重要的花边辅料之一（图7-20）。流苏体现的这种独特的民族风。尽管时尚界风起云涌，设计师推陈出新，但每季都有一群民族风的簇拥者，轮换着利用不同的民族风情做文章。

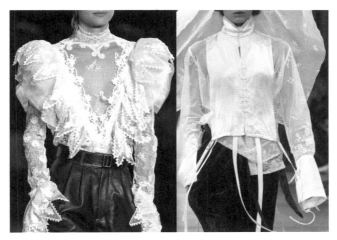

图 7-19　具有蕾丝装饰的服装

图 7-20　流苏装饰的服装

4. 拼色

拼色是一种复杂、细致且重要的设计元素，设计师除了应具备色彩基本知识、敏锐的辨色能力外，还应掌握拼色基本原理、规则等。拼色主要应用于运动装和休闲装，设计师可以通过颜色的排列营造出想要表达的氛围。拼色是一种易出效果的设计手段，设计师可以组合不同类别的颜色和不同质感的面料来突出不同设计感觉，无需烦琐的手段，只需要准确地选择颜色和比例关系，就能快速地表现出设计作品的风格（图7-21）。

图 7-21　利用拼色设计的服装

5. 刺绣

刺绣可以在服装制成之前或之后应用，它可以集中在某些特殊部位或者作为整个设计的某个部分。它可以作为装饰来提升面料的外观，或使之成为服装设计上不可或缺的组成部分而不仅仅是一种装饰，比如通过使用装饰性的抽褶刺绣来改变简洁服装的廓形。刺绣的三个基本线迹分别是平针线迹、结节线迹、链状线迹。平针线迹存在于面料的表面，如撩针线迹、缎纹线迹和十字绣线迹；而结节线迹，如法式结和北京结，能给面料增加特殊的质地效果；链状线迹是把线圈都穿套在一起的线迹，如刺绣链式线迹。基本线迹可以进行很多种变化，通过不同的缝线的组合运用、改变其比例和间距或者通过把不同的线迹组合成一种新的线迹，可以获得意想不到的质地和图案（图 7-22）。

图 7-22　具有刺绣装饰的服装

6. 综合材料

在服装设计中，珠子、贝壳、羽毛等多元化材料因其独特的纹理质感、丰富多彩的色彩搭配以及各异的形态特点，成为设计师创意表达的优选元素（图7-23）。由于贝壳比较坚硬，可以通过打磨、抛光等工艺手段处理，产生不同的效果，也可从其他材料上制作出仿真的贝壳。珠子可以单个缝上也可以使用贴缝绣的方法缝上，把一根穿着珠子的线放置在面料的表面，在珠子间用小的针脚压缝到面料上。串珠前把线在蜂蜡或者蜡烛上来回滑动，有助于增加缝线的强度并能够最大限度地降低磨损。法式珠饰是用针和线把珠子缝在面料表面，将面料撑在一个框架上，框架使面料保持合适的张力，从而使珠饰的缝制更加容易并且使缝缀更具有专业化的整理效果。

图7-23　采用综合材料装饰手法设计的服装

7. 零部件

扣子是在服装上起连接作用的部件，同时具有实用性和装饰性，通过对它的巧妙设计可以弥补服装造型的不足，并起到画龙点睛的装饰效果。在大的分类上，扣子可分为单排扣和双排扣；在类型上主要有纽扣、按扣、金属四合扣、搭扣、衣领扣、卡子等；在造型上，形态各异，可分为自然形和几何形如飞机扣（图7-24）等。

拉链又称拉锁，是一个可重复拉合拉开的、有两条柔性的、可互相啮合的连接件。拉链是一百多年来世界上最重要的发明之一，是服装领域涉及最为广泛的、当今世界上重要的服装辅料。

图7-24　飞机扣

纽结包括纽扣、袢带等，在服装中起连接、固定作用，功能性较强。此外，纽结在服装上常处于显眼的位置。纽结作为重要的配件，可以装饰和弥补体型的缺憾。如在腰部加个纽结，可调节衣身的宽松度，将其扣上就有收腰的作用。袢带则可设计成各种几何形状，然后根据不同的面料、色彩和不同季节的服装进行合理搭配。织带是以各种纱线为原材料制成狭幅状织物或管状织物。纽结和织带品种繁多，在服装设计中也有较为重要的作用，功能性和装饰性是其作为服装配件的主要特性。

在服装的零部件设计中，与领子、袖子设计相比，口袋可以算是比较小的零部件。口袋的设计在结构上相对比较随意，其尺寸依据是手的尺寸，因为口袋的功能就是为了放置一些小物品。而对于特种服装来说，口袋的功能性是需要特别强调的条件之一，如钳工服上的口袋比较多而且大、结构结实，就是为了在施工时便于放置工具。此外，同其他任何部件一样，口袋也有其装饰功能，合理的口袋设计可以丰富服装的结构，增加装饰趣味（图7-25）。由于设计上的限制较少，口袋的变化就更为丰富，其位置、形状、大小、材质、色彩等都可以和服装自由交叉搭配。但是口袋的性格特点也很明显，不同或相同的口袋经过不同的搭配可以改变服装的风格，所以在设计时一定要注意与服装的整体风格相统一。例如，服装整体廓形为直

图7-25　口袋装饰的服装

身型，口袋也以棱角分明的直线型为佳；口袋上缉明线会给人休闲随意的感觉，所以缉明线的口袋一般不会用在职业装上；各种仿生形状的口袋看上去活泼可爱、富有情趣，所以一般会用在童装上。另外，条纹或格子的口袋还要考虑对条对格的问题。根据结构特点，口袋主要分为贴袋、暗袋、插袋、里袋和复合袋五种。设计时需要注意袋口、袋身和袋底的细节处理。

（二）设计方法

设计方法是指从设计思维的角度创造形态的方法，思维角度不同，设计方法也不同。由于服装设计本身是一个复杂的创作过程，每一个细节都有各自的创作方法，即使使用同一方法和相同设计元素结果可能也不尽相同，因此才产生千变万化的设计效果。就服装设计而言，常用的设计方法有如下几种。

1. 联想法

联想法是一种线性思维方式。服装设计中的联想法是以某一概念或事物为出发点，通过接近联想、离散联想、矛盾联想、因果联想等展开连续想象，在联想过程中选择自己所需的设计语言与设计要素。联想法主要是为寻找新的设计题材拓宽设计思路。由于每个人的艺术修养文化素

质和审美情趣不同，因此即使从同一原型展开联想，也会产生不同的设计结果。联想法适合于前卫服装和创意服装的设计。仿生设计就是联想设计的典型例子（图 7-26）。

图 7-26 采用联想法设计的服装

2. 整体法与局部法

整体法是由整体展开逐步推进到局部的设计方法。设计师先根据服装的风格定位，依据整体轮廓包括款式、色彩、面料等，确定服装的内部结构，从整体上控制设计效果，使局部服从整体，局部造型与整体造型协调统一（图 7-27）。与整体法相反，局部法是以局部设计为出发点，进而扩展到整体的设计方法。这种方法比较容易把握局部的设计效果，设计师从精细的局部造型入手，寻找与之相配的整体造型，同样可使设计达到完美。整体法和局部法适于实用服装和前卫服装的设计。

3. 借鉴法

对某一事物有选择地吸取融汇形成新的设计就是借鉴（图 7-28）。在服装设计中，我们可以借鉴的内容很多，诸如历史服装、民族民间文化优秀设计作品服饰品及某种设计局部造型、色彩或工艺等都可以成为借鉴的对象；也可以是不同风格的借鉴，如把传统西服移用到休闲装领域变成休闲西服，运动服向时装靠拢形成时尚运动装；把原有的设计稍加改变如变换色彩、变换造型、变换材料、变换工艺也能使设计赋予新意，产生创新的效果；或者把已有的设计做加减处理，依据流行趋势，在追求繁华的年代做加法设计，崇尚简约的年代做减法处理，使设计产生新的效果。

图 7-27　采用整体法设计的服装

图 7-28　采用借鉴法设计的服装

4. 夸张法

夸张法是把事物的状态或特征进行放大或缩小处理，在趋向极端位置时利用其可能的极限设计方法。夸张的元素可以是领、肩、袖、口袋、衣身等服装中的任何一个，夸张的形式也可以是重叠组合、变换、移动和分解，夸张后的造型度应符合形式美原理（图 7-29）。

5. 组合法

组合法就是将两种形态、功能、结构或材质不同的服装组合起来产生新的造型，形成新的服装款式。组合法一般是从功能角度展开设计的，如将上衣与裙装结合形成的连衣裙、衬衫与背心结合形成的马甲小衫、中裤与长裤结合形成的两用裤等。这种方法适合于实用服装设计。

图 7-29　采用夸张法设计的服装

三、服装设计构思的表达

服装设计构思的表达方式与绘画不同，服装设计的构思包括两个方面：一是平面效果，用绘画来表达设计意图；二是立体的效果，通过裁剪、缝纫工艺制作成衣，最终供人们穿着以检验设计的优劣。具体来说，服装设计构思的表达有以下几个环节。

（一）艺术构思

1. 绘画

在进行艺术构思的过程中，绘画是设计师常用的一种构思方式，其中包括构思草图、绘制平面结构图及彩色效果图。设计师通过对某一灵感元素的运用，以不同绘画形式进行表达，将设计想法呈现于纸上。在这一环节中，设计师对于色彩的设想与运用尤为重要，要求设计师需要具备较高水准的绘画表达能力。

2. 尺寸选定

不同的服装风格有着不同的尺寸选定标准，一般来讲，休闲装的尺寸选定通常较为宽松，而礼服的尺寸选定则较为修身。除此之外，对于人体平均尺寸的测定，个别定制服装人体尺寸的测定，人体运动功能的放松度测定等都是不相同的。这就要求设计师在进行尺寸选定时，应当加以谨慎评估，根据设计任务及设计对象的特征进行尺寸选定。

3. 面辅料选择

在面料选择方面，通常要考虑面料的质地、花纹、色彩和风格。针对不同的面料特性进行不同的功能性测试，如缩水率、张力、悬垂性、速干性等；在辅料选择方面，通常要考虑其是否有纺衬、无纺衬、热定型衬、附加衬等；在配件选择方面，应考虑所需配件的类别，如纽扣、拉链、扣襻、花边、绳穗、缝线、商标及各类垫肩等。

4. 装饰效果

在服装设计中，关于装饰效果的表达多种多样，其中褶裥、细皱、拼接、缉线、刺绣、钉珠等平面或立体的装饰是服装设计中最为常见的。不同的装饰效果影响服装的整体风格，当下设计师时常选用一些较为特殊的面料再造手法，此外还包括一些附属的配件、装饰等。

（二）工艺构思

1. 裁剪方法

裁剪方式分为平面裁剪、立体裁剪、原型裁剪等。平面剪裁是在平面上进行的设计剪裁。设计师先绘制出服装的平面图纸，再根据图纸在布料上进行剪裁。这种方式简单直接，成本相对较低，适合大规模生产。然而，它难以完美贴合人体曲线，可能需要在后续的缝制过程中进行调整。立体剪裁是以人体或人体模型为基准，直接在布料上进行剪裁和塑形。这种方式能更直接地反映出服装在人体上的效果，特别适用于高级定制和礼服制作。立体剪裁技术要求高，操作复杂，成本也相对较高。原型剪裁是基于预先设计好的服装原型进行剪裁。设计师通过修改原型来得到新的设计，这种方式既能保持设计的连贯性，又能提高生产效率。原型剪裁适合于品牌服装的系列化生产。这三种剪裁方式各有优劣，设计师应根据设计需求、成本预算和生产规模等因素进行选择。在实际应用中，三种方式也可能相互结合，以达到更好的设计效果。

2. 工艺车缝

主要包括个别量体制作、成衣生产流水线缝制等。其中，个别量体制作对于设计师、打版师、工艺师的专业实践要求较高，如绣衣的刺绣手法、车缝手法等。此外，还有一些服装种类需要特殊设备缝制，如西装、牛仔服、皮革、裘皮类服装等都需要借助于特殊设备进行工艺车缝制作。

3. 市场要求

在工艺构思中，市场需求至关重要。要深入了解消费者喜好，研究市场趋势，关注流行元素。设计需兼具美观与实用性，注重材质选择与舒适性。同时，考虑成本控制，以合理定价满足市场需求，提升品牌竞争力。

第三节　创意系列设计案例分析

一、案例一：《寂》（首届长三角旗袍设计大赛金奖）

（一）灵感来源

灵感来源于仙鹤与祥云图案，运用黑色和金色的结合，打造带有中国特色的中式服装。款式上将创意剪裁与旗袍造型相结合，设计出不仅带有创意性，更具有实用性的旗袍新典范（图7-30）。

图7-30 《寂》灵感来源（蒋晓敏、莫洁诗绘制）

（二）色彩、面料设计

整体运用不同层次的灰黑色调，搭配金色，凸显旗袍的典雅高贵气质。运用烫金工艺表达相关图案（图7-31）。面料选择薄纱、织锦缎等多种面料，塑造面料整体层次感，使服装效果更加丰富（图7-32）。

工艺说明

图7-31 《寂》工艺说明（蒋晓敏、莫洁诗绘制）　　图7-32 《寂》面料细节（蒋晓敏、莫洁诗绘制）

（三）服装效果图

《寂》服装效果图如图 7-33 所示。

图 7-33 《寂》服装效果图（蒋晓敏、莫洁诗绘制）

（四）服装款式图

《寂》服装款式图如图 7-34～图 7-36 所示。

LOOK 1   LOOK 2

图 7-34 《寂》服装款式图一（蒋晓敏、莫洁诗绘制）

LOOK 3   LOOK 4

图 7-35 《寂》服装款式图二（蒋晓敏、莫洁诗绘制）

LOOK 5

图 7-36 《寂》服装款式图三（蒋晓敏、莫洁诗绘制）

（五）成衣作品

《寂》成衣作品如图 7-37 所示。

图 7-37 《寂》成衣作品

二、案例二：《国韵》（2022年中意青年设计大赛最佳商业价值奖）

（一）灵感来源

系列作品灵感来源于《山海经·西山经》，其中描述"又西百八十里，曰泰器之山。观水出焉，西流注于流沙。是多文鳐鱼，状如鲤鱼，鱼身而鸟翼，苍文而白首赤喙，常行西海，游于东海，以夜飞。"在中国传统文化中，鲤鱼寓意吉祥，有连年有余、鱼跃龙门等意象。随着传统服饰在年轻圈层热度不断提升，传统纺织技艺迎来开放和发展的新变化。因此，本系列以鲤鱼为主要设计元素，塑造国风服饰之美（图 7-38）。

图 7-38 《国韵》灵感来源（蒋晓敏、莫洁诗绘制）

（二）色彩、图案设计

经典蓝是一个沉着自信的颜色，在简约中流露优雅，既象征传统，也具有当代感。高级的经典蓝能恰到好处地展现女性气场，为服装增添轻奢气息，更显高贵气质（图 7-39）。结合流行趋势，以蓝黑色系为主，打造高贵典雅气质。在系列图案设计中，以鲤鱼为原型，融入传统吉祥文化的祥云，通过锦鲤的姿态表现中华之国韵（图 7-40）。通过不同层次的渐变蓝色打造典雅风格，以该主题图案展现民族图腾，传递中国味道。

图 7-39 《国韵》色彩版（蒋晓敏、莫洁诗绘制）

图 7-40 《国韵》图案版（蒋晓敏、莫洁诗绘制）

（三）款式、工艺、面料设计

款式廓形开发上，通过鱼尾裙下摆、束腰、对襟开衫、披风、交叉领等具有传统服饰特色的款式进行表达，在传统款式中融入褶裥、打结等多种现代造型，将传统文化与现代潮流相结合，打造独特潮流风尚（图 7-41）。在面料开发上，以天然真丝、优质羊毛、梭织雪纺面料为主，凸显面料层次，丰富的面料使得服装更加丰富多彩。服装制作工艺主要以刺绣、3D 立体装饰为主。中国古代先民以独有的刺绣工艺，创造了辉煌灿烂的服饰文化，具有千年历史的刺绣不仅仅是有形的物质符号象征，更是人们对美好事物的精神追求。该系列运用刺绣工艺表现图案，展现独特的民族魅力。同时，为强化图案的层次感，采用钉珠等 3D 立体装饰技巧，巧妙地将这些装饰物固定于服装表面，从而有效增强服装的视觉冲击力（图 7-42）。

图 7-41 《国韵》款式版（蒋晓敏、莫洁诗绘制）　　图 7-42 《国韵》工艺版（蒋晓敏、莫洁诗绘制）

（四）服装效果图

《国韵》服装效果图如图 7-43 所示。

图 7-43 《国韵》服装效果图（蒋晓敏、莫洁诗绘制）

（五）服装款式图

《国韵》服装款式图如图 7-44 所示。

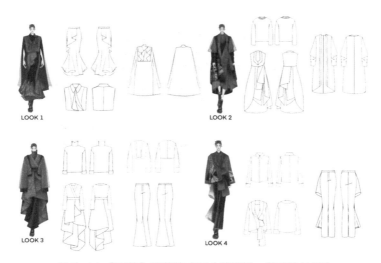

图 7-44 《国韵》服装款式图（蒋晓敏、莫洁诗绘制）

（六）成衣作品

《国韵》成衣作品如图 7-45 所示。

图 7-45 《国韵》成衣作品

三、案例三：《CONVEY FEEDBACK》（首届洪合杯毛衫设计大赛参赛作品）

（一）灵感来源

本系列女装设计灵感来源于人体神经元细胞，神经元细胞的突起可延伸至全身的各个器官和组织中，像一张巨大无形的网，将全身串联起来。对神经元细胞的深入探究会发现显微镜下细胞的各种不同形态，将其变形处理能得到类似针织的花纹形态。本系列女装采用七针电脑横机结合立体刺绣完成，主要使用到拐花组织、扭绳组织、多色提花组织和挑洞组织。本系列女装还结合市场环境进行针织组织的开发与设计（图 7-46）。

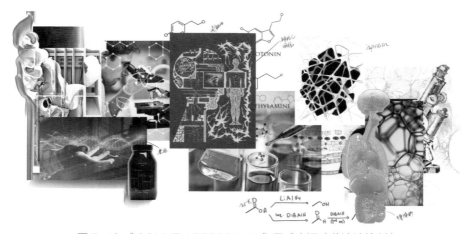

图 7-46 《CONVEY FEEDBACK》灵感来源（莫洁诗绘制）

（二）色彩、图案设计

色彩以蓝紫色以及灰白色为主，整体系列是灰白色到蓝色的过渡，给予针织服装更多的活力和美感，同时一些服饰配件上也采用与主色调服装呼应的蓝紫色（图7-47）。本系列女装图案设计灵感来源于神经元细胞以及微观状态下观测到的细胞形状，提取其中的形状和线条，重新组合变形处理，线条立体构成，重叠相交从而完成图案的设计，并且将线条变化运用到服装款式中进行创新设计（图7-48）。

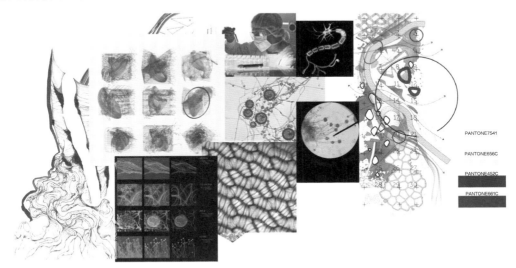

图7-47 《CONVEY FEEDBACK》色彩版（莫洁诗绘制）

图7-48 《CONVEY FEEDBACK》图案版（莫洁诗绘制）

（三）款式、工艺、面料、配饰等流行趋势

纵观2022～2023年流行趋势，人们更多追求简单舒适的穿搭方式，但简约不代表简单，通过解构、拼接、叠穿、编结等设计，不仅注重每件单品的成衣感觉，而且在系列服装的呈现上也会更贴近市场（图7-49）。在服装工艺方面主要采用了服装面料抽褶、编织、镂空、绑带、

拼接、破损、流苏等工艺互相衬托，以及提花工艺、立体刺绣的设计使得服装突破原有的局限，更加立体灵动。配饰在服装中起着完整整体服装的作用，服装也因有了配饰的加入变得多姿多彩。本系列在配饰的选择上，以高跟鞋、皮包、发饰、首饰、胸针等单品搭配整体服装，以米色和白色系为主，首饰以银饰为主（图7-50）。

图 7-49 《CONVEY FEEDBACK》廓形版（莫洁诗绘制）

图 7-50 《CONVEY FEEDBACK》配饰版（莫洁诗绘制）

（四）针织组织开发

本系列女装中绞花组织和坑条组织交错呈现，增加服装的肌理感和体量感，使用凸纹组织和提花图案表现服装纹样，使用浮现组织和综合针织手法来表现神经元网络交错复杂的形态。整个系列中将组织的变化重组充分融入服装的结构中，实现针织服装的无穷变化（图7-51）。

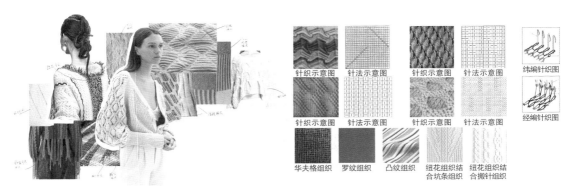

图7-51 《CONVEY FEEDBACK》针织组织开发（莫洁诗绘制）

（五）服装效果图

《CONVEY FEEDBACK》服装效果图如图7-52所示。

图7-52 《CONVEY FEEDBACK》服装效果图（莫洁诗绘制）

（六）服装款式图

《CONVEY FEEDBACK》服装款式图如图7-53所示。

图 7-53 《CONVEY FEEDBACK》服装款式图（莫洁诗绘制）

（七）成衣作品

《CONVEY FEEDBACK》成衣作品如图 7-54 所示。

图 7-54 《CONVEY FEEDBACK》成衣大片

四、案例四：《共生》

（一）灵感来源、色彩设计

自然界中各式各样的生物形态源源不断地为人类创造力提供灵感，同时人们也尊重并遵循着自然中的各种形态规律。本系列的设计灵感正源于自然界中丰富多彩的形态，通过深入研究各种植物形态，巧妙地将它们应用于服装设计之中，从而创造出极具层次感的时尚服饰（图 7-55）。本系列色彩倾是绿色以及灰白色，整体系列是灰白色与绿色的穿插应用，给予针织服装更多的活力和美感，同时在一些服饰配件上也会采用与主色调服装呼应的绿灰色（图 7-56）。

图 7-55 《共生》灵感版（莫洁诗、蒋晓敏绘制）

PANTONE7541C　PANTONE337C　PANTONE338C　PANTONE342C　PANTONE343C

图 7-56 《共生》色彩版（莫洁诗、蒋晓敏绘制）

（二）款式、面料、工艺

本系列针织女装图案设计灵感来源于植物外观形态以及微观状态下观测到的植物细胞形状，提取其中的形状和线条，重新组合变形处理，线条立体构成，重叠相交从而完成图案的设计，并且将线条变化运用到服装款式当中进行创新设计（图 7-57、图 7-58）。

图 7-57 《共生》廓形版（莫洁诗、蒋晓敏绘制）

图 7-58 《共生》工艺版（莫洁诗、蒋晓敏绘制）

（三）服装效果图

《共生》服装效果图如图 7-59 所示。

图 7-59 《共生》服装效果图（莫洁诗、蒋晓敏绘制）

（四）服装款式图

《共生》服装款式图如图 7-60 所示。

图 7-60 《共生》服装款式图（莫洁诗、蒋晓敏绘制）

五、案例五：《橙红年代》

（一）灵感、色彩、款式等灵感来源

本系列选用黑色和灰色搭配橙红色调，将图案造型以肌理的形式表现在现代服装设计中，通过巧妙结合针织、羽绒与聚酯纤维等多样面料，致力于呈现那些内心细腻敏感，性格却独具张扬风采，审美独树一帜的人物形象。在款式甄选上，主要采用了具有大量感特质的羽绒服造型设计，并辅以长短错落的不对称设计手法。同时，融合了多元化的口袋装饰组合与可拆卸结构，以赋予整体造型更为灵活多变的效果。此外，通过运用亮色压边技法，显著提升了服装的层次感和视觉冲击力。而在服装造型上，弧线的巧妙运用也尤为突出。在整体造型开发过程中，不仅致力于将灵感元素精准融入，同时更加注重服装的实用性与审美价值的和谐统一（图 7-61、图 7-62）。

图 7-61 《橙红年代》灵感版（莫洁诗）

图 7-62 《橙红年代》面料版（莫洁诗绘制）

（二）配饰及面料工艺开发

本次主题致力于深度探索配饰的未来开发趋势，巧妙地将高科技原色与现代化饰品元素相融合，对鞋子、背包等配饰进行创新变式，力求设计出既富现代感又功能丰富的配饰作品。在追求配饰美观性的同时，也强调其应具备多样化的高科技便利功能，旨在打造既个性独特又实用性强的配饰产品。在服装工艺方面，主要运用多样化的绗缝技艺，并巧妙搭配针织面料与复合面料，同时引入织带卡扣、树脂涂层拉链等辅料元素，实现功能性与时髦性的完美融合，并特别关注多功能辅料的细节夸张化处理，以呈现更加引人注目的视觉效果（图 7-63、图 7-64）。

图 7-63 《橙红年代》配饰版（莫洁诗）

图 7-64 《橙红年代》工艺版（莫洁诗绘制）

（三）服装效果图

《橙红年代》服装效果图如图 7-65 所示。

图 7-65 《橙红年代》服装效果图（莫洁诗绘制）

（四）服装款式图

《橙红年代》服装款式图如图 7-66 所示。

图 7-66 《橙红年代》服装款式图（莫洁诗绘制）

六、案例六：《无界》

（一）设计主题灵感来源

什么是虚拟？什么是现实？虚实相生或许是现如今设计行业的浪潮之一，不断打通虚拟与现实的界限。本设计从不同的维度和新型形态展现出针织服装的无限可能，不仅是针与线的碰撞，更是历史与当下的碰撞（图 7-67）。本系列色彩以白色为主，不同的组织拼接打造丰富的层次感，用不同肌理感和光泽感的面料创造出既有实穿性又有满满高级感的服装，同时也是符合当下年轻人审美需求的服装（图 7-68）。

图 7-67 《无界》灵感版（莫洁诗）

图 7-68 《无界》色彩版（莫洁诗绘制）

（二）配料及面料工艺设计开发

纵观 2023 年的服装流行趋势，不论是色彩还是款式，都很端庄，以强调简约的设计为主。优雅、柔美和现代感始终是 2023 年的设计要素。在款式上，性别区分度小，很符合当下无性别穿搭的潮流。所以在本系列的设计风格关键词是极简实穿、低调优雅、轻盈自在（图 7-69）。

本系列女装工艺主要采用各种针织面料工艺，将不同的绞花组织和坑条组织交错呈现增加服装的肌理感和体量感，使用凸纹组织和提花图案表现服装纹样，使用浮现组织和综合针织手法来表现服装（图7-70）。

图7-69 《无界》廓形版（莫洁诗绘制）

图7-70 《无界》工艺版（莫洁诗绘制）

（三）服装效果图

《无界》服装效果图采用 CLO3D 绘制，呈现服装的立体效果，如图 7-71 所示。

图 7-71 《无界》服装效果图（莫洁诗绘制）

（四）服装款式图

《无界》服装款式图如图 7-72 所示。

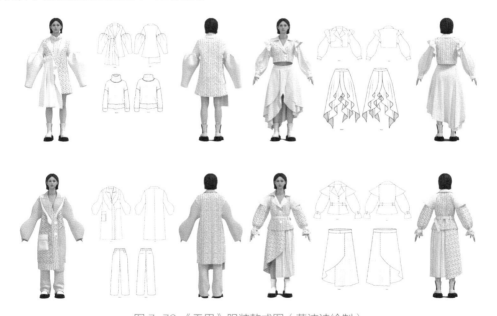

图 7-72 《无界》服装款式图（莫洁诗绘制）

第八章
服装设计师个案赏析

在服装界的辉煌历史长河中，众多杰出的设计师凭借他们标志性的设计作品，不仅给世人留下了深刻的印象，而且为当代时尚潮流的演进和发展提供了不可或缺的指引与启示。本章聚焦东西方时尚发展历程中有显著影响力的设计师群体，通过对其代表性设计风格及作品进行系统的整理和分析，深入阐释这些设计巨擘在服装设计领域的独到见解和创新魅力，为时尚学术研究提供有力的参考和借鉴。

第一节　西方服装设计大师

西方服装设计的发展历程漫长且充满变革，其中，众多杰出的服装设计师以他们的非凡才华和独特创新，为西方服装历史注入了源源不断的活力。他们的创新力和影响力不仅局限于服装界，更延伸至整个文化和社会领域，如可可·香奈儿、克里斯汀·迪奥、伊夫·圣·罗兰以及薇薇安·韦斯特伍德等。

一、可可·香奈儿

可可·香奈儿（Coco Chanel）是20世纪初最杰出的女性时装设计师之一（图8-1）。她的设计理念及品牌至今仍在全球时尚界中发挥着深远的影响。香奈儿女士于1883年出生于法国索米尔的贫困家庭，自幼便经历了家庭的种种不幸。在母亲离世后，父亲将她与姐妹们送到奥巴辛修道院。正是在那里，她学会了缝纫，这项技能也为她日后在时尚界的成功打下了坚实的基础。修道院中的彩绘玻璃窗的图案（图8-2），更是启发她设计了后来成为香奈儿品牌象征的经典双C标志。进入20世纪的第一个十年，香奈儿开始在巴黎的一家小店中售卖自己设计的帽子，并以简约而优雅的设计风格迅速赢得了人们的喜爱。她所倡导的设计理念，即简洁、舒适和实用，在当时被视为对女性传统装束的一种革新和解放。这一理念不仅影响了她的设计，更改变了人们对女性时尚的看法。

香奈儿的设计理念源于她对自由和简约的执着追求。她坚信服装应赋予女性自由，而非束缚。因此，她极力推崇的"小黑裙"成为每位女性衣橱中不可或缺的经典之作。香奈儿的设计摒弃了烦琐的装饰，专注于舒适与功能，同时又不失优雅与精致。香奈儿的产品线还涵盖香水、珠宝、手表和其他配饰等。她的设计中常运用珍珠、金链等简约而高贵的元素，这些都已成为香奈儿品牌的标志性符号。

图 8-1　香奈儿女士

图 8-2　修道院中的彩绘玻璃窗图案

历史上，毛绒衫面料主要被视为一种经济实用的材料，多用于制作内衣和运动装。然而，香奈儿却将其引入高端时装设计，这一举措被广泛认为是她突破传统、强调功能性和简约美学的象征。

20 世纪 20 年代初，香奈儿继承了服装设计师保罗·布瓦列特所倡导的斯拉夫风格设计，并将其发扬光大。在这一时期，她的服饰设计特色之一是精湛的珠饰与刺绣工艺，这些细致的手工艺品全由 Kitmir 刺绣工作室完成。Kitmir 工作室巧妙地将具有东方韵味的缝纫技艺与风格化的民间图案相结合，为香奈儿初期的设计系列注入了新的活力。香奈儿的斯拉夫风格晚装中，常常可以见到璀璨夺目的水晶与黑色的华丽刺绣装饰，展现出一种独特的魅力。1923 年，香奈儿推出了备受瞩目的花呢套装，以舒适性与实用性为核心理念。这款套装由柔软轻盈的羊毛或马海毛花呢材质的夹克和裙子组成，内衬则选用了针织或丝绸面料，为穿着者带来舒适与奢华的体验。

图 8-3　《VOGUE》美国版海报封面

与当时流行的硬挺材料或垫肩不同，香奈儿独具匠心地采用了顺直线条剪裁，避免了传统的胸部垫料，使穿着者能够自由活动。她设计的夹克领口确保了颈部的舒适自由，并加入了实用的口袋设计，为穿着者提供了更多便利。裙子的腰部则摒弃了传统的紧绷腰带，改用有弹性的罗缎，进一步提升了穿着的舒适度。这款花呢套装的推出，不仅彰显了香奈儿的创新精神，更奠定了她在时尚界的地位。

在香奈儿小黑裙的概念被广大公众接受之前，香奈儿针织套装已经享有盛誉，这一创新的设计后来被认为是香奈儿对时尚界的卓越贡献，其风格至今仍然深受人们的喜爱。1926 年，香奈儿设计的一款长袖小黑裙登上了《VOGUE》美国版（图 8-3），并因其简洁利落的风格被形象地称为"小男孩"。1929 年，香奈儿又从军用挎包中汲取灵感，推出了一款新型手提包，其设计特色在于细肩带，使得使用者在携带手袋的同时，双手仍然能够自如活动。这款手袋在退市一段时间后，于 1955 年 2 月得到了革新，并推出了标志性的"2.55"手袋。随着时间的推移，这一经典款式经历了多次重新设计，如卡尔·拉格斐在 20 世纪 80 年代对扣环和锁扣的改造，以更好地展现香奈儿品牌的独特元素，同时在肩带的设计中也融入了皮革与链条的创新交织手法。这些改变都使得香奈儿品牌的手袋设计不断焕发新的活力。

二、克里斯汀·迪奥

克里斯汀·迪奥（Christian Dior）是 20 世纪法国时装界有着深远影响力的设计师（图 8-4），他以标志性的"New Look"风格重塑了二战后女性的时装风貌。1905 年，迪奥先生出生于法国诺曼底的一个富贵之家，尽管最初他的梦想是成为建筑师，但在家人的鼓励下，他选择了外交道路。然而，他对艺术的热爱最终使他偏离了这条轨迹。1928 年，迪奥创建了一家小型艺术画廊，但因家族事业的破产和经济大萧条，该画廊最终关闭。此后，他开始在时装设计师罗伯特·皮盖的工作室工作，并打下了时装设计的基础。随后，他又加入了另一位知名设计师卢西安·勒隆的团队，期间虽遇二战，但迪奥仍坚持在时尚界发展。

图 8-4 克里斯汀·迪奥

1946 年，迪奥在法国巴黎开设了自己的时装品牌。次年，他推出了首个时装系列，被誉为"New Look"，这一系列作品迅速为他赢得了国际声誉。该系列的设计特点为腰部紧身与裙摆丰满，强调女性曲线美，与战时的布料限制和实用主义风格形成鲜明对比。这种创新的设计迅速引发了广泛模仿，重新定义了女性的着装方式，这也让克里斯汀·迪奥的名字成为女性高级时装的代名词。

自 1947 年首次亮相以来，迪奥品牌的每个新系列都能在时尚界和媒体界引发巨大关注，为公众带来一次次视觉与艺术的盛宴。提及迪奥，人们往往会首先想到其经典的黑白千鸟格图案（图 8-5），以及那张在塞纳河边拍摄的标志性黑白照片（图 8-6）。这些元素不仅仅是迪奥品牌的代表，更是其所传递的优雅、美丽和卓越品质的象征。1949 年末，克里斯汀·迪奥在纽约开设精品店，使得迪奥的影响力从法国迅速扩展到全球。当年年底，迪奥的时装作品已占据巴黎时装出口量的 75%，并为法国总出口额贡献了 5% 的份额。迪奥去世后，他的助手、后来的时尚大师伊夫·圣·罗兰接替了他，成为迪奥品牌的艺术总监，继续带领品牌走向辉煌。

克里斯汀·迪奥不仅为时尚界创立了一个卓越品牌，更助力巴黎重塑全球时尚之都的声誉。他对时装的卓越贡献不仅体现在设计创新上，更体现在他对时尚产业商业模式的革新上。他通过授权和推广香水、化妆品以及其他时尚配饰，有效地扩大了迪奥品牌的影响力。

图 8-5 迪奥品牌黑白千鸟格服装　　图 8-6 身穿迪奥品牌服装的模特站在塞纳河畔

三、于贝尔·德·纪梵希

法国知名时装设计巨匠于贝尔·德·纪梵希（Hubert de Givenchy），1927 年出生于法国诺曼底的艺术世家。自孩童时代起，纪梵希就展现出了非凡的艺术天赋。并于 25 岁之际创立了纪梵希工作室。他与著名影星奥黛丽·赫本携手合作，共同缔造了一个时尚传奇，其作品被誉为"赫本风"（图 8-7、图 8-8），成为时尚界的一段佳话。

图 8-7 奥黛丽·赫本身着纪梵希　　　图 8-8 奥黛丽·赫本身着纪梵希
　　　　所设计的黑色晚礼服　　　　　　　　　所设计的白色晚礼服

自 1953 年起，他们的合作不仅改变了时尚界的格局，更是成就了一段长达 40 年的深厚友谊。当时，赫本以其纯洁高雅的气质吸引了纪梵希的目光。他深谙这位女神的独特魅力，并决定成为她一生的形象设计师。这一决定不仅让赫本在银幕上焕发出更加耀眼的光芒，也为纪梵希带来了无数的赞誉。赫本与纪梵希的合作不仅仅局限于电影中的服装设计。在日常生活中，纪梵希也为赫本设计了许多经典的衣饰。这些设计不仅展现了赫本独特的身材线条，更凸显了她那与生俱来的优雅气质。在电影中，纪梵希的设计更是成为赫本形象的点睛之笔。赫本身着纪梵希设计的服装，成了银幕上最亮眼的焦点。这些经典的服装不仅让观众们为之倾倒，更为赫本赢得了无数的粉丝。

纪梵希的设计作品总是充满创意和新颖性。他善于从各种文化、历史和现代艺术中汲取灵感，并将这些元素巧妙地融入设计中，既保留了传统的精髓，又充满了现代感，展现出一种独特而富有创意的风格。纪梵希以精湛的工艺和独特的设计风格，在高级定制服装领域取得了卓越的成就。他的作品注重细节，追求完美，每一款设计都充满了艺术性和实用性。他的作品不仅受到明星和名流的喜爱，更是成为时尚界的风向标。

四、伊夫·圣·罗兰

20 世纪 60 年代末，西方女权主义逐渐觉醒，与此同时，杰出的服装设计大师伊夫·圣·罗兰（Yves Saint Laurent）也开始在时尚界崭露头角。1966 年，伊夫·圣·罗兰推出了一款标志性的女版西装，引起了时尚界的广泛关注。在他的设计作品中，经常可以看到对男装元素的巧妙运用，如白衬衫、领结、黑色套装以及毛呢礼帽等。尽管伊夫·圣·罗兰并没有像乔治·阿玛尼那样用垫肩来彻底打破女性在职场上的性别壁垒，但他所设计的女性西装，以其利落、干练的特质，赢得了大众的广泛喜爱和认可。

"吸烟装"无疑是伊夫·圣·罗兰先生设计生涯中的杰作之一（图 8-9、图 8-10）。在创作初期，他巧妙地将领结、白衬衫等男装元素融入设计中。随后，他进一步对设计进行革新，采用紧致的线条，打造出一种简约而有力的风格。他通过巧妙的设计来展现女性特质，如运用腰部的修身剪裁来凸显女性的曼妙身姿，或者利用倒三角的肩部设计来凸显女性的纤细身形与独特魅力。

图 8-9　身穿黑色"吸烟装"　　　图 8-10　身穿黑色条纹"吸烟
　　　　的女士　　　　　　　　　　　　 装"的女士

伊夫·圣·罗兰独到的见解和设计理念使得"吸烟装"在时尚界独树一帜，成为不可复制的经典。"吸烟装"不仅仅是一件衣服，它更是一种态度，一种对自我风格的坚持和追求。这种坚持不受时间流逝的影响，始终闪耀着独特的魅力。它让女性更加自信与独立，也为设计师们提供了无尽的灵感与启示。

五、薇薇安·韦斯特伍德

英国著名时装设计师薇薇安·韦斯特伍德（Vivienne Westwood）被誉为"朋克之母"，她是朋克运动的领军人物。薇薇安与第二任丈夫马尔姆·麦克拉伦共同开辟了朋克的时尚之旅。马尔姆·麦克拉伦是英国传奇摇滚乐队"Sex Pistols"的创始人。基于他们共同的爱好和追求，薇薇安与马尔姆赋予摇滚一种标志性的外观，包括撕裂、挖洞、拉链、金属挂链等朋克风格元素。这些元素一直延续至今，对时尚界产生了深远影响。

薇薇安·韦斯特伍德的设计作品展示了其独特的才华。她巧妙地从传统服装中汲取灵感并寻找素材，然后融入自己的创意，并将这些元素转化为现代且别具一格的设计。她常常从17、18世纪的经典服饰中提取元素，并运用自己的设计理念进行再创作，为时尚领域带来了新颖的、独特的视觉体验。此外，她还勇于创新，将西方紧身束腰胸衣、厚底高跟鞋、苏格兰格纹等传统元素重新组合，使其焕发出新的时尚魅力（图8-11）。在薇薇安的设计中，皇冠、星球、骷髅等元素也经常出现，这些元素常常以鲜艳的色彩出现在胸针、手链、项链等配饰上，为整体造型增添一抹趣味和创意（图8-12）。与其他服装设计大师相比，薇薇安的设计构思往往显得更为荒诞和戏谑，但正是这种非传统的思维，使得她的作品充满了独创性和新鲜感。

图8-11　具有苏格兰格纹
元素的薇薇安品牌服装

图8-12　具有星球元素的
薇薇安品牌项链

20世纪70年代末，薇薇安开始探索使用各种面料材质来突显服装的独特魅力。她选用皮革、橡胶等材质，以展现一种怪诞而引人注目的设计风格。同时，她还设计了夸张的陀螺形裤装和毡礼帽等服装廓形与配饰，增强了整体的戏剧性和创意。薇薇安还开创了一种大胆而前卫的穿衣风格，即"内衣外穿"。她勇敢地将传统女性私密的胸衣穿在外衣上，并在裙裤外加上女式内衬裙裤，为时尚界带来了全新的视觉冲击（图8-13）。此外，她还尝试不对称设计衣袖，运用不协调的色彩组合和粗糙的缝纫线来强调怪诞元素。这种勇敢和前卫的设计理念使得她的作品充满了创新和挑战性。这些作品以不规则的剪裁手法、不同材质与花色的鲜明对比以及无厘头的穿搭方式，展现出了薇薇安独特的品牌魅力，使其成为时尚界的引领者。

图8-13 "内衣外穿"风格的薇薇安品牌服装

六、卡尔·拉格斐

1933年，卡尔·拉格斐（Karl Lagerfeld）出生于德国汉堡。自童年起，他就对艺术和设计怀有热爱与追求。正是这份执着和热情，使他在年轻时期便展露出非凡的才华和创意。在迪奥等品牌的工作经历，更使他的设计才华得以充分展现并逐渐得到业界的认可。他的设计作品不仅局限于时装设计，更延伸至家具、珠宝以及艺术品等多个领域，这些作品展现了他多元化的设计理念和卓越的才华（图8-14）。

卡尔·拉格斐擅长将不同文化、艺术元素和时尚趋势巧妙融合，创作出令人眼前一亮的作品。他设计的服装不仅在视觉上极具冲击力，更在细节处理上展现出极高的水准和品味。这种对设计的极致追求，使他在世界设计舞台上备受瞩目，成为时尚界的璀璨明星。

图8-14 卡尔先生的设计手稿

卡尔·拉格斐的同名品牌主要涵盖成衣、腕表、眼镜、手包和皮革配饰等。在创立自己的品牌之初，卡尔认为猫咪的独立、优雅和神秘气质与品牌的核心理念相契合，因此将猫咪作为品牌的象征之一（图8-15）。这一独特的标志出现在许多产品的设计和宣传中，成为该品牌的标志性元素。卡尔·拉格斐的设计生涯充满了传奇色彩。他以其独特的设计风格、卓越的才华和不懈的创新精神，成为时尚界的翘楚。他的作品不仅时尚、独特，更充满了艺术气息和人文情怀。他的成就和影响力永远铭刻在世界时尚史册中。

图8-15 卡尔·拉格斐品牌形象标志

七、约翰·加利亚诺

约翰·加利亚诺（John Galliano）是时尚界备受瞩目的杰出人物。他以前卫的创意和对历史主题的独到解读，为时尚领域贡献了一系列独特且备受赞誉的作品。20世纪80年代初，约翰·加利亚诺踏入了著名的中央圣马丁艺术与设计学院，开始了他的时装设计之旅。1984年，他凭借名为"Les Incroyables"的服装设计系列赢得了广泛的关注（图8-16），这一系列不仅展示了他对历史服饰的深入研究，更凸显了他精湛的剪裁技艺。

20世纪80年代末至90年代初，加利亚诺在伦敦成功地创立了自己的品牌。他的设计作品充满了戏剧性和创新精神，经常巧妙地融合历史服饰的元素，展现出独特而引人入胜的风格。1995年，加利亚诺荣任法国知名时装品牌纪梵希的创意总监，成为该品牌历史上首位英国籍设计师。仅在一年后的1996年，他便加盟了另一家历史悠久的顶级时装屋——迪奥，再度担任创意总监。在迪奥的任职期间，加利亚诺为该品牌注入了新的活力，以其壮丽且充满幻想的高级定制时装秀而闻名于世。他的设计作品巧妙地将不同时代和文化的元素融合在一起，打造出别具一格、引人注目的服饰作品。图8-17中右侧为1997年约翰·加利亚诺在迪奥品牌的春夏高级定制时装秀中的系列，被视为1997年春夏时装周的高潮。该系列展示了一件由加利亚诺设计，并由吉尼维·科特（Genive Cotté）精心绘制的热带花卉图案配以双层紧身胸衣的黑色丝绸鱼尾长裙。加利亚诺为迪奥品牌打造的1997年春夏高级定制系列展现了他对历史的深切怀旧之情，这些情感被巧妙地融入他的设计作品中。图8-18左侧为一件象牙色羊毛磨砂面料的女士西装上衣，边缘和下摆均带有流苏，搭配的是一条涂有黑色亮面鳄鱼皮纹理的皮质短裙。这套作品向1947年克里斯汀·迪奥的首个春夏系列中的巴恩西装致敬，该西装是时尚史上的一个标志性符号。

图8-16 "Les Incroyables"
服装设计系列作品

图8-17 约翰·加利亚诺1997年春夏
高级定制（李潇鹏摄于巴黎时尚博物馆）

2011 年，加利亚诺被迪奥公司解雇，并从时尚界消失了一段时间。2013 年，加利亚诺逐渐回归时尚界，先是在奥斯卡·德拉伦塔（Oscar de la Renta）的工作室进行短期工作，后来在 2014 年被俄罗斯香水品牌 L'Etoile 任命为创意总监。2015 年，他成为巴黎时尚品牌马丁·马吉拉（MAISON MARGIELA）的创意总监。加利亚诺对于细节的极致追求以及对剧场艺术的深厚热爱，使他的时装秀总能成为一场视觉的饕餮盛宴。他的作品不仅展现了对过去的浪漫化想象，更充满了对未来的激进构想，从而引领时尚的潮流（图 8-18）。

图 8-18 马丁·马吉拉品牌 2024 年春夏系列

八、亚历山大·麦昆

来自英国的"鬼才设计师"亚历山大·麦昆（Alexander McQueen）以新颖独特、颠覆传统、充满戏剧张力的设计著称于世。他的作品往往蕴含着强烈的情感色彩和深刻的社会洞见。麦昆自少年时期起，便对时尚怀有浓厚的兴趣。16 岁时，麦昆在著名的裁缝街萨维尔街（Savile Row）的 Anderson & Sheppard 裁缝店开始他的学徒生涯，这段经历为他打下了坚实的剪裁技艺基础。随后，他结识了时尚界的多位知名裁缝店和设计师，凭借精湛的技艺和出众的才华获得了广泛的认可，并有幸前往意大利工作。在那里，他继续锤炼自己的设计技能，并深入学习服装设计。

1992 年，麦昆顺利从中央圣马丁艺术与设计学院毕业，获得硕士学位。他的毕业作品因独特的创意和出色的设计赢得了时尚界的关注，并受到著名时尚编辑伊莎贝拉·布洛（Isabella Blow）的青睐，布洛不仅购买了他的作品，还成为他的挚友和坚强后盾，协助他成功创立自己的时装品牌。麦昆的设计风格通常被认为是激进且颠覆传统的。他善于捕捉服装的结构之美，并通过独特的设计语言不断突破时尚界的既定框架。在他的作品中，经常可以看到对死亡、性别和权力等主题的深刻探索。麦昆巧妙地将传统裁缝工艺与现代科技相结合，创造出既独特又震撼人心的视觉效果。在服装材料方面，他擅长运用各种独特的材料和制作技术，例如羽毛、贝壳和玻璃纤维等，因此，他的时装秀总是具有强烈的视觉冲击力和情感表达。凭借出色的设计才华，麦昆四次荣获英国设计师协会年度设计师大奖。1996～2001 年间，他更是担任了纪梵希的首席设计师，引领纪梵希走向更加现代、前卫的发展道路，使这个历史悠久的品牌焕发出全新的活力。在巴黎的纪梵希工作室中，时年 27 岁的麦昆作为新晋设计师开始在高级定制界崭露头角。纪梵希品牌的标志由四个 G 字母组成的方形图案，让麦昆想到了古希腊装饰艺术中的蛇纹石图案，这成为他启发灵感的源泉，创造出一系列以经典希腊神话为主题的作品。他还将该标志的白色和金色应用于整个系列设计中。例如亚历山大·麦昆为纪梵希打造的 1997 年春夏高级定制系列作品，展示了一件装饰有黄玉色水晶的奥斯曼丝绸紧身上衣和裤装（图 8-19）。纪梵希 1997 秋冬高级定制系列也由麦昆倾力打造，呈现了颇具戏剧性的披肩连衣裙，肩部饰以珠宝，搭配一对精致的护手长手套（图 8-20 左 2）。作品运用了交叉的皮带、火鸡羽毛、彩绘石膏与镂空黑色纳帕皮革。此系列体现了 19 世纪时尚潮流与民族文化的融合；以动物的角、猛禽的头骨、爪作为模特头饰，这些均是麦昆偏爱的动物元素。同系列的第 5 号造型（图 8-20 右 1）展示了带有领圈胸甲的上衣、裙子以及褶裥，使用了泼墨效果的塔夫绸、仿黑玻璃珠的珠子刺绣、蕾丝和天然头发。这场秀在一所医学院的一楼举办，以大幅红色窗帘勾勒空间，暗合安吉拉·卡特 1979 年恐怖小说《血色室女》的主题，地面散布着 19 世纪晚期的插画、解剖学版画和时装设计图。同系列的第 35 号造型（图 8-20 左 1）是以麦昆标志性的羊毛斜纹布巧妙地搭配镶边的刺绣蕾丝、闪亮的亮片与仿黑玻璃珠，头饰则是基于狐狸披肩的重新构建之作。

图 8-19　亚历山大·麦昆品牌 1997 年春夏高级定制时装（李潇鹏摄于巴黎时尚博物馆）

图 8-20　亚历山大·麦昆品牌 1997 年秋冬高级定制时装（李潇鹏摄于巴黎时尚博物馆）

1997 年，亚历山大·麦昆为著名歌手比约克（Björk）设计了一款和服，面料选用了锦缎和缎纹绸。这款和服成为比约克在她的专辑《Homogenic》中展示的麦昆设计的经典服装之一。比约克的这身装扮充分展现了 20 世纪 90 年代末对多元文化的崇尚。这款服装的设计受到日本和服的启发，并巧妙地结合了南非恩德贝莱文化和缅甸传统的项链装饰。此外，比约克还采用了雕塑般的发型，其灵感来源于霍皮（Hopi）和特瓦（Tewa）这两个美洲印第安部落。这种跨文化的融合在两个月前麦昆为纪梵希设计的"Eclect Dissect"系列中也得到过体现（图 8-21）。

图 8-21　亚历山大·麦昆为纪梵希品牌设计的"Eclect Dissect"系列

2010 年 2 月 11 日，亚历山大·麦昆以 40 岁的年纪在伦敦的家中结束了自己的生命，这一消息震惊了整个时尚圈以及他的追随者。他的离世被视作现代时尚界的巨大损失。

第二节　东方服装设计师

尽管东方服装设计相较于西方起步较晚，但其独特的设计特征充满了艺术魅力。本节重点介绍几位在东方服装历史上具有深远影响和代表性的设计大师，如日本服装设计师山本耀司、三宅一生，中国知名服装设计师马可、郭培等。这些优秀的服装设计师通过他们的才华和创造力，进一步推动了东方服装设计的发展。

一、山本耀司

山本耀司（Yohji Yamamoto），1943 年出生于日本横滨，以简洁但富有韵味、线条流畅、反时尚的设计风格而著称，是日本服装设计界的领军人物。男装设计是山本耀司的专长，他常以独特的视角展现男性服饰的魅力和深度。他认为服装设计是一门超越国界和民族的艺术，只有源于内心的理解与创新才能真正触动人心。

山本耀司的设计风格别具一格，他擅长运用黑色，结合宽松的剪裁和不对称的设计手法（图 8-22）。他的作品不仅突破性别界限，还善于运用厚重粗犷的布料，如羊毛和亚麻，同时巧妙地融入日本传统元素，如和服的剪裁和结构。山本耀司的设计作品摒弃了高调华丽，而是追求一种更为内敛、深沉的风格。他的设计哲学在于探索服装与身体之间的关联，以及衣物如何展现个人身份。他坚信服装应成为个人表达的工具，而非仅仅追随流行潮流。

山本耀司 1997 年春夏成衣系列以独特的丝绸裂纹面料、草编工艺、绉纱和丝绸雪纺材质打造的长款外套、宽边帽、阳伞、手套和芭蕾舞鞋为显著特点（图 8-23）。这一系列设计灵感来源于 1996 年 7 月时尚界发生的一起热门事件，当时吉安弗兰科·费雷（Gianfranco Ferré）决定辞去迪奥品牌的艺术指导职位，引发了业界对其继任者的广泛关注。在这一系列作品中，山本耀司向巴黎高级时装界的巨匠们致以崇高的敬意。宽大的帽子借鉴了雅克·法斯（Jacques Fath）作品中的戏剧性轮廓，尖细的裙摆则呼应了克里斯汀·迪奥的新颖外观，而粗花呢套装则来源于可可·香奈儿标志性的服装设计元素。

山本耀司的设计哲学深受其对日本的历史文化情感的

图 8-22　山本耀司男装设计作品

影响，他擅长从日式传统服饰中提炼出设计灵感。例如，他将和服的元素巧妙地融入现代服装设计中，通过堆叠、垂坠和环绕等手法，打破传统服装的结构界限，从而呈现出独特的时装设计理念。在他的作品中，不对称的领口和裙摆等设计细节展现了他对动态美感的追求，这些设计元素随着穿着者的动作产生变化，呈现出多样的视觉效果。与传统的西方紧身剪裁不同，山本耀司选择了自上而下的立体裁剪方式，从简洁的平面线条出发，创造出独特的非对称轮廓。这种独特的美学选择不仅突显了日本传统服装文化的精髓，也赋予其设计一种自然流畅的视觉与形态感受（图8-24）。通过这种方式，山本耀司成功地展示了日本传统服饰文化的魅力，同时挑战了当时的西方主流时尚观念，确立了自己在国际时尚界的独特地位，而且对西方的许多设计师产生了深远的影响，引起了广泛的讨论和模仿。

图8-23　山本耀司1997年春夏成衣系列（李潇鹏摄于巴黎时尚博物馆）

图8-24　山本耀司2024年春夏系列

　　20世纪80年代，山本耀司的设计在时尚界产生了深远影响。除了他的核心时装系列外，他还与多个知名品牌和艺术家展开合作，其中包括运动巨头阿迪达斯。他们共同打造的Y-3品牌成功地将山本耀司的设计理念与运动服饰相融合，成为高端时尚与街头风格交融的先驱之一（图8-25）。山本耀司的设计哲学及其作品不仅在时尚圈获得了广泛的认可，而且对其他艺术和文化领域也产生了一定的影响。他独特的工作方式和对时尚的理解，挑战了传统的审美观念，激发了人们以更加个性化和深入的方式对待服装的热情。

图 8-25　Y-3 2024 年春夏系列

二、三宅一生

1938 年 4 月 22 日，服装设计大师三宅一生（Issey Miyake）出生于日本广岛。1964 年，三宅一生从东京的多摩美术大学毕业后前往巴黎深造，并在那里积累了丰富的设计经验。之后，他又去纽约继续学习服装设计，不断提升自己的设计技能。经过多年的学习和积累，1970 年，三宅一生回到日本，创立了自己的品牌——Issey Miyake。他的品牌以独特的设计理念和精湛的工艺，迅速在国际时尚界崭露头角，成为备受瞩目的设计力量。

三宅一生的作品因超越形体的轻盈、流动感与凝聚之美而备受瞩目，同时三宅一生还精妙地将东方文化中的深远韵味融入设计之中。与西方时尚界注重视觉冲击和强调身材曲线的做法不同，三宅一生的设计理念更注重服饰的本质和实用价值。他倡导突破西方设计思维的局限，转而回到服饰本身，从东方服饰的传统与哲学中汲取灵感，形成自己独特的设计哲学。他的设计追求内在与外在的和谐统一，既强调服饰的美观性，也尊重穿着者的舒适度。三宅一生的设计哲学体现了对传统的不断挑战、对自由随性的追求以及对穿着者体验的高度重视。他的创新尝试已经超越了传统时尚的界限，树立了时尚界中全新的设计典范（图 8-26）。

三宅一生非常擅长面料和剪裁技术的创新与应用。例如，他推出的"Pleats Please"系列，通过运用独特的加工技术，使服装能够维持永久性的褶皱效果，即使经过洗

图 8-26　三宅一生 2024 年春夏系列

涤也不会消失，且易于维护（图8-27）。此外，三宅一生的设计经常打破传统的性别框架，倡导无性别或多性别的服装理念。他的服装作品既实用又现代，既展现出东方美学的韵味，又巧妙地融合了西方的剪裁技巧。这种跨文化的融合成为其设计的一个显著特色。他的"A-POC"（A Piece Of Cloth）项目展示了服装制作的高效与创新（图8-28）。

图8-27　三宅一生 "Pleats Please"系列　　　　图8-28　三宅一生"A-POC" 项目服装作品

　　三宅一生的设计哲学超越了传统时装的框架，作为一位服装设计领域的革新者，他的作品将服装艺术化至前所未有的高度。如今，他的品牌在世界各地均受到广泛的认同与尊重。这不仅仅源于他的无限创意和领先技术，更因为他成功地将时尚作为自我表达、环保理念的传递渠道以及文化交流的载体。他的贡献不仅在于作品本身，更在于他赋予了时尚更深层次的意义和价值。

三、川久保玲

　　1942年，川久保玲（Rei Kawakubo）出生于日本东京。与众多服装设计师不同的是，她并未接受过正统的服装设计教育。1973年，川久保玲创立了自己的品牌Comme des Garcons，并于1975年开设了首家店铺。起初，Comme des Garcons主要集中在女装设计上，但随着时间的推移，逐渐扩展到了男装系列。川久保玲的设计常常被视为大胆、前卫，有时甚至被认为是颠覆性的、超乎寻常的。她的作品打破了传统的美学标准和时尚规则，充满个性，如不对称剪裁、故意制造的破损或不完整的细节、大胆使用黑色调，以及对形状和体积的极端探索，这些元素构成了她独特的时尚设计语言（图8-29）。

　　20世纪80年代初，川久保玲将她的设计带到了巴黎，并与山本耀司等日本设计师联手，掀起了一场颠覆性的时尚革命。她的作品向西方传统的时尚观念发起了挑战，突破了身体曲线和性别的界限。这一点在她的诸多作品中都得到了体现，尤其是那些宽大的剪裁和模糊身体轮廓的设计（图 8-30）。1997 年，川久保玲 Comme des Garcons 推出了一系列成衣作品，在巴黎的时装舞台上引起了巨大反响。她的设计颠覆了传统审美，既赢得了赞誉，也引发了争议。川久保玲通过巧妙地运用服装的凸起细节，使服装与身体之间的界限变得模糊而融为一体，彰显她的前卫和创新的精神。这种突破传统的设计手法，无疑巩固了川久保玲在时尚界的独特地位和影响力（图 8-31）。她还大胆运用聚酰胺弹力网眼面料、鹅绒填充的塔夫绸和皮革等材料，充分展示了她在材料运用和设计创新上的勇气与才华。

图 8-29　川久保玲服装设计作品

图 8-30　川久保玲 1984 年秋冬系列

图 8-31　川久保玲 1997 年秋冬系列

　　川久保玲作为推动时尚界不断前行的杰出力量，其设计与品牌已然成为深思熟虑、独立见解和艺术化表达的象征。她的服装作品外表古怪、奇特，却引人深思。这位传奇的服装设计大师不仅引领着年轻一代探索潮流的本质，更激发他们追求内心的本真与纯粹。

四、高田贤三

　　1939 年，高田贤三（Takada Kenzo）出生于日本兵库县姬路市的一个普通家庭，从小就对服装产生了浓厚的兴趣。随着年龄的增长，他的设计才华逐渐显现，并在日本文化服装学院接受了专业的设计教育。毕业后，高田贤三在日本多个品牌工作，积累了丰富的设计经验。然而，他并没有满足于国内的发展，1964 年他毅然决定前往巴黎，并凭借自己的才华和努力很快在时尚界崭露头角。在巴黎的时尚圈中，高田贤三以其独特的设计理念和风格赢得了广泛的赞誉。他善于运用各种元素，如鲜艳的色彩、生动的图案和狂野的风格，打造出充满活力和创意的时装作品。他的设计不仅注重外观美感，更注重穿着的舒适性和实用性。他的每一款设计都能找到实际穿着的场合，兼具了审美性与功能性。

　　KENZO 虎头系列是高田贤三的经典之作，也是 KENZO 品牌的象征之一（图 8-32）。该系列以虎头为主要设计元素，结合了高田贤三对东西方文化的独特理解。虎头图案因鲜艳的色彩和生动的线条呈现，充满了活力和创意（图 8-33）。

图 8-32　KENZO 品牌虎头标志　　　　　　图 8-33　KENZO 品牌虎头卫衣

　　KENZO 品牌眼睛系列也是高田贤三的经典代表作之一（图 8-34）。该系列以眼睛为主要设计元素，通过巧妙的构图和色彩搭配，展现了一种神秘而迷人的氛围。眼睛图案的设计灵感来源于高田贤三对于不同文化的探索和理解。高田贤三对于花卉的热爱也体现在他的设计作品中。这些花卉图案以鲜艳的色彩和细腻的线条呈现，充满了生命力和活力（图 8-35）。此外，高田贤三还设计了许多其他的经典作品，如 KENZO 香水系列、KENZO JEANS 系列等。这些作品都体现了高田贤三独特的设计理念和风格，赢得了全球消费者的喜爱和认可。

图 8-34　KENZO 品牌眼睛系列作品

图 8-35　KENZO 品牌花卉元素系列作品

五、马可

　　马可，1971 年出生于中国吉林长春，1992 年毕业于苏州丝绸工学院工艺美术系（现苏州大学艺术学院）。自学生时代起，马可便以勤奋刻苦的精神投身于服装设计的探索中。1994 年，刚刚踏出大学的校门的她，便凭借作品《秦俑》在第二届中国国际青年兄弟杯服装设计大赛中

图 8-36　马可设计作品《秦俑》

荣获金奖，这一成就为她揭开了服装设计事业的序幕（图8-36）。

1996年，马可携手毛继鸿共同创建了名为"例外"的服装品牌。2006年，她在珠海再度创立了个人服装品牌——"无用"，而后在法国巴黎高级定制时装周上精心策划了一场主题为"奢侈的清贫"的时装发布会（图8-37）。对于马可而言，这场发布会的意义远超出了服装本身，它更多地承载了一种超越物质的精神态度，包括独特的艺术理念、生活方式等诸多层面。在马可看来，服装不仅是展现个体性格特质和内心追求的媒介，更是人类思维的具象化延伸。它可以成为一种"标签"，让有着相同观念的人一眼便能识别出彼此。

图 8-37　无用品牌"奢侈的清贫"的法国巴黎时装发布会

图 8-38　无用品牌服装作品

在马可的视角下，消费者可以通过自我选择，摒弃那些空洞的华丽外表和过度的消费欲望。他们可以以"追求简约"的生活理念为导向，去探寻更为丰富和深刻的精神生活。在现代社会的日常中，服装早已超越了单纯的实用和装饰功能，很多时候，它就像艺术家创作的作品一样，需要运用充满艺术性的表达方式来诠释。正是这种艺术性的创作语言，使得服装能够让人们更加深入地触及自己的内心，引发深刻的自我反思和交流。

马可认为"无用"并不意味着无价值，而是象征着耐用和实用，是生活中不可或缺的要素。她始终怀揣着一个愿望，那就是希望更多的人能够从她的服装设计中找到真我，识别出自己真正的"需求"与"欲望"（图8-38）。她倡导减少过度的物质追求和欲望，鼓励人们更多地接近自然、聆听内心的声音。多年来，马可一直坚守将中国传统精神价值观注入她的设计理念中，积极倡导一种简单、纯粹、富含精神内核的自然生活方式。如今，这位才华横溢的设计师仍在不遗余力地追求和推广她的设计理念。

六、陈鹏

陈鹏本科就读于苏州大学艺术学院美术专业，之后在伦敦时装学院攻读硕士学位，毕业后被保送至英国皇家艺术学院深造。毕业后，陈鹏曾在众多国际知名服装公司工作，这些宝贵的实践经验使他对时尚产业有了更加全面的了解，也逐渐形成了独特的设计风格。作为CHENPENG品牌的设计总监，他提倡"平均时尚主义"，主张打破传统时装对于身材的定义，以及大众对于服装的刻板印象。陈鹏相信时尚不应只属于某一类人，而应该包容所有人的独特性和多样性。因此，他的设计作品总是能够兼顾美观与实用性，让不同体型、不同肤色、不同性别的人都能找到适合自己的时尚。

2023年，陈鹏为MM6 MAISON MARGIELA推出3款全黑联名羽绒服胶囊系列（图8-39）。作为首位与该品牌携手合作的中国设计师，双方共同秉持着独特的设计巧思与创新火花，展现出标识性的先锋衣橱意识。2023年10月，陈鹏与安踏推出首个"奥运文化"系列，首打羽"龙"服，开启巴黎奥运年，为中国运动健儿加油助威，鼓励全民运动（图8-40）。

图8-39 陈鹏为MM6 MAISON MARGIELA设计的羽绒服胶囊系列

图8-40 陈鹏为安踏品牌设计的"奥运文化"系列羽绒服

陈鹏的设计总是充满了创意和想象力，他善于将不同的元素和风格进行巧妙的融合，创造出独特而富有张力的视觉效果。他注重细节的处理，从面料的选择到剪裁的技巧，都力求做到尽善尽美。他的设计作品不仅在国内时尚圈备受瞩目，也在国际舞台上获得了广泛的认可。值得一提的是，陈鹏还是 2022 年北京冬奥会开幕式首席服装设计师，他带领团队完成了五个环节的服装设计及制作工作，包括开场倒计时表演节目《立春》的举杆员服装、未来冰球队服装、举旗手服装、轮滑演员服装以及放飞和平鸽儿童服装等（图 8-41）。这些服装不仅体现了中国传统文化的韵味，也展现了现代时尚的魅力，为冬奥会的开幕式增添了浓厚的艺术气息。此外，陈鹏还荣获了多项国际大奖和荣誉，包括 LVMH PRIZE 全球半决赛入选者、YU PRIZE 创意大奖赛全球总决赛冠军、H&M 设计大奖全球八强等。这些荣誉不仅是对他个人才华的肯定，也是对中国原创设计力量的认可。

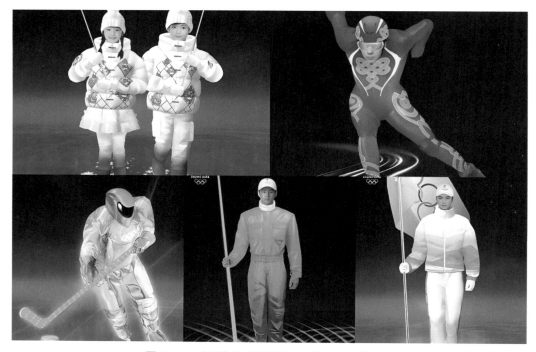

图 8-41　陈鹏为北京冬季奥运会设计的服装作品

作为一位极具才华和影响力的服装设计师，陈鹏的设计理念独特而前瞻，他的作品充满创意和想象力。他用自己的才华和努力为中国原创设计赢得了荣誉和尊重，也为时尚界注入了新的活力和灵感。

七、郭培

郭培早年就读于北京市第二轻工业学校服装设计专业，自学生时代起，她便展现出非凡的设计才华。毕业后，郭培凭借对时尚的敏锐洞察力和对艺术的执着追求，逐渐在服装设计领域崭露头角。1997年，郭培创立了北京玫瑰坊时装定制有限责任公司，开启了事业腾飞之路。她的作品代表了极致奢华的女性梦想，追求完美品质生活的态度，也因此成为国内一线女星最早接触的高级时装定制设计师。2015年，受纽约大都会博物馆邀请，郭培的青花瓷、大金等系列作品在"镜花水月"特展中展出，得到了众多的好评。同年，身着"龙袍"的歌手蕾哈娜（Rihanna）成为纽约大都会艺术博物馆慈善舞会上惊艳全场的焦点。这件黄色礼服出自郭培之手，是一件重55 lb（约合25kg）的淡黄色毛领礼服，共花费了50000 h来制作，整个制作周期超过两年。该作品以中国文化为底蕴，发掘传统工艺，中西结合，以极致手工精神磨砺作品，使郭培得到了国际时装界的高度认可。

除此之外，郭培还曾为众多社会名流和明星设计定制礼服，如希腊奥运圣火采集仪式上章子怡身着的服装、2009年中央电视台春节联欢晚会上宋祖英的"瞬间换装术"的服装等，都让人惊艳不已。她的作品不仅在国内受到热捧，还多次走出国门，在国际舞台上展现中国服装设计的风采。在郭培心中，向世界展示中国传统设计的魅力是她一生的追求与梦想。她深信，要真正发扬中国设计，就必须先从自身的文化底蕴出发，用我们自己的语言去表达和创新。

八、熊英

盖娅传说是中国服装设计师熊英于2013年创立的服饰品牌。该品牌旨在传承中国的美学品位和服饰工艺，并始终坚持将原创精神转化为独特的服饰美学文化。2024年1月，盖娅传说"秀裳·十年"展览通过静态展陈、动态走秀、演绎装置、非遗工艺解析体验、数字媒体秀场再现等形式，多角度全方位呈现了盖娅传说十年来的经典服饰作品。熊英认为，此次展览不仅是对盖娅传说品牌十年的回顾与总结，更是对东方美学传承与创新的一次重要展示。她始终坚持将国风文化、非遗技艺融入服装设计中，不断向世界展示中国设计与制造的魅力。

在2021年中央广播电视总台春节联欢晚会走秀节目《山水霓裳》中，李宇春、何穗、奚梦瑶、张梓琳等明星、模特穿着盖娅传说品牌服装，通过在多角度镜面、镜面虚拟，以及冰屏与地屏等舞美配合下，将服装服饰与山水环境相融，上演了一场大型沉浸式高定秀。

熊英用服装承载着向世界展示了中国风的独特魅力和风采，演绎了多元东方美学的精髓。通过深入挖掘国内丰富多彩的民族文化，运用缂丝、刺绣、羽绘等非遗工艺，并结合西式时尚的剪裁手法，成功打破了东西方设计的界限。她的设计作品实现了传统艺术神韵与西式表现手法的完美融合，让中国服饰在世界时尚舞台上大放异彩。

思考与练习

1. 列举你喜爱的西方服装设计师，并简要介绍其经典代表作。
2. 列举你喜爱的东方服装设计师，并简要介绍其经典代表作。

参考文献

[1] 李当岐. 服装学概论[M]. 北京：高等教育出版社，1998.

[2] 李正，徐催春，等. 服装学概论[M]. 北京：中国纺织出版社，2007.

[3] 史林. 服装设计基础与创意[M]. 北京：中国纺织出版社，2006.

[4] 史林. 高级时装概论[M]. 北京：中国纺织出版社，2002.

[5] 王受之. 世界时装史[M]. 北京：中国青年出版社，2002.

[6] 刘元风. 服装设计学[M]. 北京：高等教育出版社，1997.

[7] 刘晓刚. 品牌服装设计[M]. 上海：东华大学出版社，2007.

[8] 李莉婷. 服装色彩设计[M]. 北京：中国纺织出版社，2004.

[9] 杨威. 服装设计教程[M]. 北京：中国纺织出版社，2007.

[10] 徐亚平，吴敬，等. 服装设计基础[M]. 上海：上海文化出版社，2010.

[11] 张金滨，张瑞霞. 服装创意设计[M]. 北京：中国纺织出版社，2016.

[12] 崔荣荣. 服饰仿生设计艺术[M]. 上海：东华大学出版社，2005.

[13] 侯家华. 服装设计基础[M]. 北京：化学工业出版社，2017.

[14] 李永平. 服装款式构成[M]. 北京：高等教育出版社，1996.

[15] 邓岳青. 现代服装设计[M]. 青岛：青岛出版社，2004.

[16] 余强. 服装设计概论[M]. 重庆：西南师范大学出版社，2002.

[17] 叶立诚. 服饰美学[M]. 北京：中国纺织出版社，2001.

[18] 李超德. 设计美学[M]. 合肥：安徽美术出版社，2004.

[19] 张星. 服装流行与设计[M]. 北京：中国纺织出版社，2000.

[20] 沈兆荣. 人体造型基础[M]. 上海：上海教育出版社，1986.

[21] 黄国松. 色彩设计学[M]. 北京：中国纺织出版社，2001.

[22] 华梅. 西方服装史[M]. 北京：中国纺织出版社，2003.

[23] 袁仄. 服装设计学[M]. 北京：中国纺织出版社，1993.

[24] 曾红. 服装设计基础[M]. 南京：东南大学出版社，2006.

[25] 张如画. 服装色彩与构成[M]. 北京：清华大学出版社，2010.

[26] 赖涛，张殊琳，等. 服装设计基础[M]. 北京：高等教育出版社，2002.

[27] 庞小涟. 服装材料[M]. 北京：高等教育出版社，1989.